中等职业学校教学用书

Visual Basic
程序设计习题集

丁爱萍　主　编
胡绍凯　副主编

電子工業出版社
Publishing House of Electronics Industry
北京・BEIJING

内 容 简 介

为了配合 Visual Basic 程序设计的学习，本书以教育部颁布的中等职业学校相关专业教学大纲和中等职业学校对口升学考试大纲为依据编写，主要内容包括 Visual Basic 考点梳理、典型试题解析、实战练习、模拟试卷等。

本书的编写旨在提高学生的实战水平，使学生熟悉对口升学考试的题型、类别及其他具体要求，有针对性地展开考前复习训练。

本书可供中等职业学校教师和学生使用，是中职学生系统复习 Visual Basic 程序设计知识、形成能力、迎接考试的必备用书。

图书在版编目（CIP）数据

Visual Basic 程序设计习题集 / 丁爱萍主编. —北京：电子工业出版社，2019.6

ISBN 978-7-121-24950-1

Ⅰ. ①V… Ⅱ. ①丁… Ⅲ. ①BASIC 语言－程序设计－中等专业学校－习题集 Ⅳ. ①TP312.8-44

中国版本图书馆 CIP 数据核字（2019）第 117829 号

责任编辑：关雅莉
印　　刷：北京七彩京通数码快印有限公司
装　　订：北京七彩京通数码快印有限公司
出版发行：电子工业出版社
　　　　　北京市海淀区万寿路 173 信箱　邮编 100036
开　　本：787×1 092　1/16　印张：15.25　字数：390.4 千字
版　　次：2019 年 6 月第 1 版
印　　次：2024 年 1 月第 7 次印刷
定　　价：38.00 元

凡所购买电子工业出版社图书有缺损问题，请向购买书店调换。若书店售缺，请与本社发行部联系，联系及邮购电话：（010）88254888，88258888。

质量投诉请发邮件至 zlts@phei.com.cn，盗版侵权举报请发邮件至 dbqq@phei.com.cn。

本书咨询联系方式：（010）88254617，luomn@phei.com.cn。

前　　言

普通高校对口招收中等职业学校毕业生考试已经进行了十余年，但是为参加这类考试的考生提供的服务体系和复习资料相对薄弱。为了帮助参加普通高校对口招收中等职业学校毕业生考试的广大考生夯实基础，巩固知识，提高应试能力，我们根据多年从事Visual Basic 程序设计教学并辅导学生参加对口升学考试的丰富经验，精心编写了本书。

本书具有如下特点：

1. 紧扣考试大纲

严格按照高等学校对口升学考试计算机理论考试中 Visual Basic 考试大纲进行编写，分析了近几年的对口升学考试试卷，并且根据新的考试动向进行对口升学考试试题预测。

2. 真实环境训练

本书按照对口升学考试试卷设计，题型、模拟试卷题量等均与考试真题一致，旨在使考生迅速熟悉考试试卷，提升解题技能，切实提高实战水平。

3. 典型试题解析

本书针对各种题型、各知识点选取典型试题进行详细分析和讲解，力求做到以点带面，以强化考生落实基础知识，掌握解题思路和技巧，快速提高应试水平。

4. 大量实战训练

本书提供了丰富的实战训练题库，并给出了正确答案，方便学生进行自我训练、自我检测学习效果。

本书是为中职学生参加对口升学考试而编写的一本强化 Visual Basic 程序设计训练复习用书，本书以对口升学考纲要求为依据，以应考强化训练为目的，以题量大、解析全面、针对性强的特点呈现给备考学生。

本书由丁爱萍主编，胡绍凯任副主编。

由于作者水平有限，书中难免出现疏漏和不足之处，望广大读者批评指正。

编　者

2019 年 5 月

目　录

第 1 部分

Visual Basic 考点梳理

Visual Basic（VB）是 Microsoft 公司研制的 Windows 环境下的软件开发产品，它是集程序设计、调试和查错等功能于一体的功能强大的应用程序开发工具。

VB 是目前所有开发语言中最简单、最易用的语言，因此，在各类计算机知识和能力考核中常将该语言作为考试内容之一。要应对 VB 考试，其基本概念和核心内容是考试的要点，万变不离其宗，不管题目如何变化，都离不开 VB 应有的知识和技能范围。本部分内容将把 VB 的基本知识和重要内容进行梳理，以便读者快速掌握要点。

1.1 Visual Basic 的基本概念

考试要点：

(1) 掌握面向对象程序设计的基本概念，包括对象、属性、方法、事件及事件驱动机制；

(2) 掌握开发 Visual Basic 应用程序的一般步骤；

(3) 掌握工程的概念和组成；

(4) 了解工程组的概念。

重点：

(1) 面向对象程序设计的基本概念；

(2) 开发 Visual Basic 应用程序的一般步骤；

(3) 工程的概念。

难点：

(1) 属性和事件的概念；

(2) 工程的组成。

1.1.1 面向对象程序设计的基本概念

1. 对象

对象（Object）是具有特殊属性（数据）和行为方式（方法）的实体。

VB 使用的“可视化编程”方法，是“面向对象编程”技术的简化版。在 VB 环境中所涉及的窗体、控件、部件和菜单项等均为对象，程序员不仅可以利用控件来创建对象，并且还可以建立自己的“控件”。

在窗体上建立对象有以下两种方法：

① 单击工具箱中的控件按钮，在窗体上拖动鼠标画出控件。画出的控件的大小和位

置可随意确定。

② 双击工具箱中的控件按钮，在窗体的中央画出控件。画出的控件的大小和位置是暂时固定的。

2. 属性

属性是对象所具有的特征。不同的对象有不同的属性，不同的属性有不同的值。例如，表示一只气球的特征有：

① 颜色=红色

② 直径=20cm

③ 状态=已充气

其中，将表示一只气球特征的“颜色”“直径”等称为对象的属性名，将等号右边的数据称为对象的属性值。一个对象的所有属性的集合称为属性表。

在面向对象程序设计中，同类型的对象具有相同的属性和不同的属性值。

3. 方法

在面向对象程序设计中，对象除了有属于自己的属性和事件外，还包含属于自己的行为，即方法（Method）。在 VB 中，“方法”是指对象本身所包含的一些特殊函数或过程，利用对象内部自带的函数或过程，可以实现对象的一些特殊功能和动作。当用方法来控制某一个对象的行为时，其实质就是调用该对象内容的某个特殊的函数或过程。

例如，窗体对象有 Hide 方法和 Show 方法，调用 Hide 方法可以使窗体隐藏起来，成为不可见窗体，调用 Show 方法可以使窗体显示成为可见窗体。

在 VB 中对象方法的调用格式为：

```
[对象名].方法名　[参数名表]
```

其中，若省略对象名，则表示为当前对象，一般指窗体。如：

```
Show
Form2.Hide
```

某些方法需要添加一些参数，此时只需将所需参数放在方法名后即可，如：

```
Form1.Print "欢迎来到 Visual Basic 世界！"
```

4. 事件及事件驱动机制

（1）事件

事件（Event）是发生在对象上且能被对象识别的动作。如一个吹大的气球，用针扎它一下，该对象就会进行放气动作，“针扎”就是一个事件。在 VB 中，若单击对象，则会在该对象上产生一个单击事件（Click），双击则会在该对象上产生一个双击事件（DblClick）。

VB 系统为每个对象预先定义了一系列的事件，如单击（Click）、双击（DblClick）、装载（Load）、鼠标移动（MouseMove）、改变（Change）等。

（2）事件过程

当在对象上发生了某个事件后，应用程序就要处理这个事件，处理事件的步骤就是事件过程（Event Procedure）。以气球为例，发生了“针扎”事件后，可能会进行粘补或丢弃，不论是粘补还是丢弃，都是针对“针扎”事件的处理步骤，也就是事件过程。

事件过程是针对事件而来的，而事件过程中的处理步骤在 VB 程序设计中就是所谓的程序代码。

（3）事件驱动

写完程序后开始执行时，程序会先等待某个事件的发生，然后再去执行处理此事件的事件过程。事件过程要经过事件的触发才会被执行，这种动作模式被称为事件驱动程序设计（Event Driven Programming Model），也就是说，由事件控制整个程序的执行流程。

1.1.2 Visual Basic 应用程序编写的一般步骤

1. 创建窗体

启动 VB，在默认方式下系统将自动创建一个只包含一个窗体 Form1 的应用程序。

在 VB 中，开发的每个应用程序都被称为工程，因此，此时建立的窗体是“工程 1”中的“Form1”。

2. 添加控件

在窗体中添加控件，进行窗体的界面设计。向窗体中添加控件的步骤为：

① 单击工具箱中的控件图标，鼠标指针变成一个十字指针。

② 在窗体的工作区按住鼠标左键拖动鼠标，即可在窗体上画出对应控件，同类型的控件序号依次自动增加。

③ 单击窗体上的控件时，利用控件四周的 8 个尺寸句柄，可调节控件的大小，也可用鼠标、键盘和菜单命令移动控件及调节控件的位置。另外，还可以使用“格式”菜单中的命令统一控件的大小、规整控件的位置等。

3. 设置窗体和控件的属性

对象属性的设置是在属性窗口中进行的。

① 单击窗体的空白区域（不要单击任何控件），确认选中的是窗体，可从“对象”下拉列表框中查看。

② 在属性窗口中找到属性名（如 Caption），将其值改为需要的内容。

单击窗体上的控件，确认选中该控件，根据需要逐一设置控件的各属性。

4. 编写代码

代码窗口是编写应用程序代码的地方。使用代码窗口，可以快速查看和编辑应用程序代码中的任何部分。有以下 4 种方法可以打开“代码窗口”：

① 双击窗体的任何地方。

② 右键单击，在弹出的快捷菜单中单击“查看代码”。

③ 使用工程窗口中的“查看代码”按钮。

④ 单击“视图”菜单→“代码窗口”命令。

在 VB 代码窗口中编写代码时，VB 具有以下特性。

（1）自动列出成员特性

当要输入控件的属性和方法时，在控件名后输入小数点，VB 就会自动显示一个下拉列表框，其中包含了该控件的所有成员（属性和方法）。依次输入属性名的前几个字母，系统会自动检索并显示出需要的属性。从列表中选中该属性名，按 Tab 键完成输入。

（2）自动显示快速信息

该功能可显示语句和函数的语法格式。在输入合法的 VB 语句或函数名后，代码窗口中在当前行的下面自动显示该语句或函数的语法。语法格式中，第一个参数为黑体字，输入第一个参数之后，第二个参数出现，同样也是黑体字。

（3）自动语法检查

在 VB 中可自动检查语句的语法。当输入某行代码后回车，如果系统出现语法错误，VB 会显示警告提示框，同时该语句变成红色。

5. 运行工程

单击工具栏上的“启动”按钮，或单击“运行”菜单→“启动”命令，可运行工程。

单击标题栏上的“关闭”按钮可关闭该窗口结束运行，单击工具栏上的“结束”按钮也可结束程序运行，返回“窗体设计器”窗口。

6. 修改工程

修改工程包括修改对象的属性和代码，也可以添加新的对象和代码，或者调整控件的大小等，直到满足工程设计的需要为止。

运行程序时，如果程序有错，则会弹出提示框，用户可根据提示信息进行修正。

7. 保存工程

设计好的应用程序在调试正确后需要进行保存，即以文件的方式保存到磁盘上。保存应用程序的步骤为：

① 单击“文件”菜单→“保存工程”命令，或直接单击工具栏上的“保存工程”按钮，系统打开“文件另存为”对话框。

② 在“文件另存为”对话框中，注意保存类型，保存窗体文件（*.frm）到指定文件夹中。

③ 窗体文件存盘后，系统会继续弹出“工程另存为”对话框，保存类型为“工程文件(*.vbp)”，默认工程文件名为“工程 1.vbp”，保存工程文件到指定文件夹中。

注意：

由于一个工程可能含有多种文件，如工程文件和窗体文件，这些文件集合在一起才能构成应用程序。所以建议将同一工程所有类型的文件存放在同一文件夹中。

8. 生成可执行文件

当完成工程的全部文件之后，可将此工程转换成可执行文件（.exe）。步骤为：

① 单击“文件”菜单→“生成工程 1.exe”命令。

② 在打开的“生成工程”对话框中，选择程序所保存的文件夹和文件名，单击“确定”按钮即可生成 Windows 中的应用程序。

1.1.3 工程的概念和组成

在 VB 中，开发的每个应用程序都被称为工程。新建一个工程之后，就可以开始设计工程，即应用程序。

一个工程可能含有多种文件，如工程文件和窗体文件等，这些文件合在一起才能构成应用程序。因此，在保存的时候，通常将窗体文件保存为以.frm 为扩展名的格式，窗体保存完后会自动弹出“工程另存为”的对话框，保存类型为.vbp，该文件就是工程文件。

1.1.4 工程组的概念

工程组是由多个工程组成的。一般在多个工程需要一起调试时会用到工程组，每个工程都可以单独生成独立文件。

工程组是用来调试工程相互依赖代码的多个工程的组合。方便各个依赖更新之间实现代码跟踪和调试。

1.2 Visual Basic 语言基础

考试要点：

(1) 理解程序代码的组织方式：过程（事件过程、通用过程）与模块（窗体模块、标准模块）；

(2) 掌握程序代码的书写规则；

(3) 掌握数据与数据类型；

(4) 掌握不同类型变量的表示方法；

(5) 掌握变量命名，全局变量、局部变量和静态变量的使用，变量的作用域；

(6) 掌握数组命名及定义、数组类型、数组结构、数组赋值；

(7) 掌握静态数组，了解动态数组及数组重定义；

(8) 掌握运算符和表达式（算术运算、关系运算、逻辑运算与字符串运算）及各种运算的优先级。

重点：

(1) 数据与数据类型；

(2) 不同类型变量的表示方法；

(3) 数组命名及定义、数组类型、数组结构、数组赋值；

(4) 运算符和表达式。

难点：

(1) 全局变量、局部变量和静态变量的使用；

(2) 变量的作用域；

(3) 逻辑运算。

1.2.1 程序代码的组织方式

1. 事件过程的触发

事件过程构成了 VB 应用程序的主体。

对象事件在用户或系统发出动作时被触发，事件响应时执行的过程就是事件过程。事件过程一般由 VB 创建，用户不能增加或删除。

当用户对某个对象发出一个动作时，Windows 会通知 VB 产生了一个事件，VB 会自动地调用与该事件相关的事件过程，即当对象对一个事件的发生做出认定时，VB 便自动用相应事件的名字调用该事件的过程。由于名字在对象和代码之间建立了联系，所以说事件过程是依附于窗体和控件上的。

2. 事件过程的语法格式

控件事件过程的语法格式为：

```
Private Sub 〈控件名〉_〈事件名〉([ 形参表 ])
  [〈语句组〉]
End Sub
```

窗体事件过程的语法格式为：

```
Private Sub Form_〈事件名〉([ 形参表 ])
   [〈语句组〉]
End Sub
```

3. 创建事件过程的注意事项

①虽然用户可以手工输入首行的事件过程名，但使用模板会更方便，模板会自动将正确的过程名包括进来。

使用模板创建事件过程的方法是：在对象列表框中选定活动的窗体中的对象名（如 Command1），在过程列表框中选择事件名（如 Click 事件），系统就会在代码编辑器窗口中生成该对象所选事件的过程模板，然后在 Sub 和 End Sub 语句之间输入代码。

②事件过程名是由 VB 自动给出的，如 Command1_Click。因此，在为新控件或对象编写事件代码之前，应先设置它的 Name 属性。如果编写代码后再改变控件或对象的 Name 属性，也必须同时更改事件过程的名字。否则，控件或对象会失去与代码的联系，这时将会把它当作一个通用过程。

4. 模块

在 VB 程序设计中，除进行界面设计和算法设计外，主要工作是编写程序代码，而编写代码时根据应用的复杂程度，往往要将应用按功能及其他目的划分为若干个模块，而对每个模块按照情况还可以继续细分为子模块，通过 VB 提供的自定义过程将模块定义为一个个过程，供事件过程多次调用。

1.2.2 程序代码的书写规则

1. VB 程序语句

VB 中的语句是执行具体操作的指令，每个语句行以回车〈Enter〉键结束。

程序语句是 VB 关键字、属性、函数、运算符，以及能够生成 VB 编辑器可识别指令的符号的任意组合。一个完整的程序语句可以简单到只有一个关键字，例如：

```
Stop
```

语句也可以是各种元素的组合，例如下面的语句，把当前系统时间赋值给标签的 Caption 属性：

```
Labell Caption = Time
```

对象名　属性名　赋值号　VB函数

建立程序语句时必须遵从的构造规则被称为语法。编写正确程序语句的前提，就是学习语言元素的语法，并在程序中使用这些元素正确地处理数据。

2. 语句的书写规则

在编写程序代码时要遵循一定的规则，这样写出的程序既能被 VB 正确地识别，又能增加程序的可读性。

（1）自动语法检查

如果设置了“自动语法检测”（“工具”菜单→“选项”→“编辑器”），则在输入语句的过程中，VB 将自动对输入的内容进行语法检查，如果发现语法错误，将弹出一个信息框提示出错的原因。

（2）格式化处理

VB 会按约定对语句进行简单的格式化处理。例如：关键字、函数的第一个字母自动变为大写，运算符前后加空格等。

在输入语句时，命令词、函数等可以不必区分大小写。例如，在输入 Print 时，不管输入 Print、print，还是 PRINT，按回车键后都变为 Print。

为了提高程序的可读性，在代码中应加上适当的空格，同时应按惯例处理字母的大小写。

（3）复合语句行

一般情况下，输入程序时要求一行一句，一句一行。但是 VB 也允许使用复合语句行，即把几个语句放在一个语句行中，语句之间用冒号“:”隔开。一个语句行的长度最多不能超过 1023 个字符。例如：

```
a = 2 : b = 3 : c = 4
```

（4）语句的续行

当一条语句很长时，在代码编辑窗口阅读程序时不便查看，使用滚动条又比较麻烦。这时，就可以使用续行功能，用续行符“_”（下画线）将一个较长的语句分为多个程序行。例如：

```
strMyStr="NAME : " &  _
        strname
```

在使用续行符时，在它前面至少要加一个空格，并且续行符只能出现在行尾。

1.2.3 数据与数据类型

数据是程序的必要组成部分，也是程序处理的对象。在高级语言中，广泛使用“数据类型”这一概念，数据类型体现了数据结构的特点。

VB 提供了系统定义的基本数据类型，并允许用户根据需要定义自己的数据类型。

1. 字符型数据

字符型数据（String）是用来存储文字信息的，内容可以是单个字符、词或一段文字等，也常称为字符串。在 VB 中，对该类数据赋值时要用双引号将值括起来。

当字符串中包含有汉字时，一个汉字占两个字符长度。长度为 0（不含任何字符）的字符串被称为空字符串（简称空串）。

在 VB 中，字符型数据有两种形式：变长字符串和定长字符串。

（1）变长字符串

变长字符串是指字符串的长度是可变的，随着对该数据的修改或重新赋值，它的长度可增可减。按照默认规定，一个字符串如没有声明为定长字符串，则它就是变长字符串。例如：

```
"Happy New Year"      "8-2="      "请输入学号"      "020-22226666"
```

（2）定长字符串

定长字符串是指它在程序执行过程中，始终保持其长度不变的字符串。可用语法“String * Size”表示。例如，声明一个长度为 8 个字符的字符串变量 x：

```
Dim x As String * 8
```

当赋予字符串的字符少于 8 个时，用空格将不足部分填满；当赋予字符串的长度超过 8 个时，截去超出部分的字符。

2. 数值型数据

VB 中，常用的数值型数据（Numeric）有整型、长整型、单精度、双精度 4 种数据。

（1）整型数

整型数（Integer）是不带小数点和指数符号的数，可以是正整数、负整数或 0。

整型数的范围为–32768～+32767。例如：

```
6      234      6543      –98      -5678
```

（2）长整型数

长整型数（Long）也是一个整数，它表示的范围更大，在计算机中存储时占用的字节数更多。在 VB 中，长整型数中的正号可以省略，并且在数值中不能出现逗号（分节符）。

长整型数的范围为–2147483648～+2147483647。例如：

```
32768      -999999999      1234567
```

（3）单精度数

单精度数（Single）用来表示带有小数部分的实数，可表示最多 7 位有效数字的数，小数点可以位于这些数字的任何位置，正号可以省略。单精度数可以用定点形式和浮点形式来表示。

单精度数的定点形式是在该范围内含有小数的数。例如：

```
-6.555      +2.6666      .00222
```

单精度数的浮点形式是用科学计数法，即以 10 的整数次幂表示的数，以“E”来表示底数 10。例如，-2.3×10^5，543.2×10^{-20}，$+12.345\times10^{17}$ 分别表示为

```
-2.3E5      543.2E–20      12.345E+17
```

（4）双精度数

双精度数（Double）与单精度数相似，但所占的存储空间更大，取值范围更宽，可表示 15 位有效数字。双精度数也有定点和浮点两种形式。

双精度数的定点形式是在该范围内含有小数的数。例如：

```
-12.123456789123        0.987654321        100000000.1234
```

双精度数的浮点形式是用科学计数法，以“D”来代表指数的底的数。例如：

```
-1.234567D92        123.123456789D-45        0.123456789D+5
```

注意：

在 VB 中，申明和使用数值型数据时，应注意以下几点。

① 如果数据包含小数，则应使用单精度数或双精度数。

② 在 VB 中，数值型数据都有一个有效的范围值，程序中的数如果超出规定的范围，就会出现“溢出”信息（Overflow）。如果小于范围的下限值，系统将按“0”处理；如果大于上限值，则系统只按上限值处理，并显示出错误信息。

③ 一般情况下，VB 使用十进制数计数，但有时也使用十六进制数和八进制数表示，表示值时它们与十进制是等价的。

④ 所有数值变量都可相互赋值，也可对变体（Variant）类型变量赋值。在将浮点数赋予整数之前，VB 要将浮点数的小数部分四舍五入，而不是将小数部分去掉。

3. 布尔型数据

布尔型数据（Boolean）用于进行逻辑判断，其结果是一个逻辑值，用于表示两个值的状态，如逻辑的真与假、电灯的开与关、选择题答案的对与错、性别的男与女。

布尔型数据只有 True（真）和 False（假）两个值。

当把数值型数据转换为 Boolean 型数据时，0 会转换为 False，其他非 0 值转换为 True。

当把 Boolean 值转换为数值型数据时，False 转换为 0，True 转换成-1。

4. 日期型数据

日期型数据（Date）用来表示日期和时间，可以表示多种格式的日期和时间，表示的日期范围从公元 100 年 1 月 1 日—9999 年 12 月 31 日，而时间可以从 0:00:00-23:59:59。

Date 型数据用两个“#”符号把表示日期和时间的值括起来，就像字符串数据用双引号括起来一样。例如：

```
#09/18/2018#        #2018-09-18#        #09/18/2018 09:23:56 AM#
```

如果输入的日期或时间非法或不存在，系统将显示出错信息。

5. 变体型数据

变体型数据（Variant）是一种可变的数据类型，可以存放任何类型的数据，因此变体型可说是 VB 中用途最广、最灵活的一种变量类型。

在程序中不特别说明时，VB 会自动将该变量默认为 Variant 型变量。例如：

```
a = "2"          'a 的值为字符型数据“2”
a = 8 - 1        'a 的值为数值型数据 7
a = "B" & a      'a 的值为字符型数据“B7”
```

6. 其他数据类型

在 VB 中，除了前面介绍的数据类型外，还有货币型、字节型、对象型数据。

1.2.4 不同类型变量的表示方法

1. 常量和变量的概念

在程序设计中，不同类型的数据可以以常量的形式出现，也可以以变量的形式出现。

常量是指在程序运行过程中其值保持不变的量。在 VB 中，有两种形式的常量：直接常量和符号常量。

在程序的运行过程中，其值可以改变的量称为变量。变量的实质是计算机中被命名的存储位置，在程序代码中声明一个变量，运行时系统就为其分配合适的存储空间，该存储单元中的值可以改变。

2. 直接常量

直接常量是在程序中直接使用的常量值。各种数据类型都有各自直接使用的常量，这些不同数据类型的直接常量在表示方式上也不相同。

（1）字符串常量

字符串常量是用双引号括起来的一串字符。这些字符可以是除双引号“"”和回车、换行符以外的所有字符。例如：

```
"$6,444.555"        "23658137"        "Name"
```

（2）数值常量

数值常量就是常数，有整数、长整数、单精度数、双精度数。例如：

```
23        123456789        3.14159        2.6D65
```

（3）布尔常量

布尔常量只有 True（真）和 False（假）两个值。

（4）日期常量

用两个“#”符号把表示日期和时间的值括起来表示日期常量。例如：

```
#09/16/2018#        #16/09/2018#        #Sep 16 2018 20:30:40#
```

3. 符号常量

在程序设计中，如果多次出现的某个常量值是一个很大的数字或很长的字符串，为了改进代码的可读性和可维护性，可以给某一特定的值赋予一个名字，以后用到这个常量时就用名字代替，这个名字就是符号常量。

符号常量有点像变量，但不能像对变量那样修改符号常量，也不能对符号常量赋予新值。

符号常量分为两种：系统提供的常量和用户定义的常量。

（1）系统提供的常量

系统提供的常量是指 VB 内置的一些便于记忆的常量。为了避免不同对象中同名常量的混淆，在引用时可使用 2 个小写字母前缀，限定在那个对象库中，例如：

vb：表示 VB 和 VBA 中的常量。如 vbModal 代表 1，vbModeless 代表 0。

db：表示 Data Access Object 库中的常量。

xl：表示 Excel 中的常量。

（2）用户声明的常量

尽管 VB 内部定义了大量的常量，但是有时程序员还需要创建自己的符号常量。用户定义常量时使用 Const 语句来给常量分配名字、值和类型。

声明常量的语法格式为：

```
Const〈常量名〉[As〈数据类型〉] =〈表达式〉
```

〈表达式〉由数值、字符串等常量及运算符组成，可以包含前面定义过的常量，但不能使用函数调用。

```
Const MAX As Integer = 99          ' 声明常量 MAX，代表 99，整型数
Const PI = 3.1415926               ' 声明常量 PI，代表 3.1415926，单精度数
Const XH = "20180101"              ' 声明常量 XH，代表"20180101"，字符型
```

4. 不同类型变量的表示方法

使用变量前，一般要先声明变量名和其类型，以使系统为它分配存储单元。

（1）用语句声明

声明变量的语法格式为：

```
Dim 〈变量名〉[As〈类型〉]
```

说明：

①〈类型〉用来定义被声明〈变量名〉的数据类型或对象类型，例如：

```
Dim cj As Integer                          ' 将 cj 定义为整型变量
Dim xh As String , strName As String       ' 将 xh 和 strName 定义为字符型变量
```

② 使用声明语句建立一个变量后，VB 自动将数值类型的变量赋初值 0，将字符或 Variant 类型的变量赋空串，将布尔型的变量赋 False。

（2）用类型符直接声明变量

语法格式为：

```
Dim 〈变量名〉〈类型符〉
```

说明：在变量名后直接跟上类型申明符，用%表示整型数，&表示长整型数，!表示

单精度数，#表示双精度数，$表示字符型数据。例如：

```
Dim cj%                    ' 将 cj 定义为整型变量
Dim xh$ , strName$         ' 将 xh 和 strName 定义为字符型变量
```

1.2.5 变量的作用域

1. 变量的命名

① 只能由字母、数字或下画线组成，如 int.sum 是非法的（因其中有小数点）。

② 必须以字母开头，如 xm、ab2，不能为 2ab。

③ 组成变量名的字符数不得超过 255 个。

④ 不能用 VB 的保留字做变量名，但可以把保留字嵌入变量名中；同时，变量名也不能是末尾带有类型说明符的保留字。如 Print 和 Print$是非法的变量名。

在对变量命名时，应注意：

① 取名最好使用有明确实际意义和容易记忆及通用的变量名，即要见名知义。如用 sum（或 s）代表求和，用 Difference（或 d）代表求差等。

② 尽可能简单明了，尽量不要使变量名太长，否则不便于阅读和书写。

③ 不能用 VB 的关键字做变量名。VB 的关键字是指 VB 中系统已经定义的词，如语句、函数、运算符名。

④ 变量名不能与过程名和符号常量名相同。

⑤ 尽量采用 VB 建议的变量名前缀或后缀的约定来命名，以便区分变量的类型，如：intMax，strName。

⑥ VB 不区分变量名和其他名字中字母的大小写，如 Hello、HELLO、hello 指的是同一个名字。

2. 全局变量、局部变量和静态变量及其作用域

在按照下面的格式定义过程时，可以选择使用 Private、Public 或 Static，分别表示全局变量、局部变量和静态变量。

```
[ Private | Public ][ Static ] Sub 〈过程名〉([〈形参表〉])
    [〈语句组〉]
End Sub
```

全局变量是指在应用程序中随处都可调用的变量，常在定义过程中使用 Public 关键字。

局部变量是指在只有该过程所在模块中的程序才能调用的变量，常使用 Private 关键字进行定义。

静态变量，使用 Static（静态的）关键字，是指该过程中的所有局部变量的存储空间只分配一次，且这些变量的值在整个程序运行期间都存在。如果省略 Static，过程每次被调用时重新为其变量分配存储空间，当该过程结束时释放其变量的存储空间。

1.2.6　数组及数组结构

1. 数组的概念

在程序设计中，将一组排列有序、个数有限的数据作为一个整体，用一个统一的名字来表示，这些有序数据的全体被称为数组。

在 VB 中，为了确定各数据与数组中每个元素的一一对应关系，必须给数组中的这些数据编号，即顺序号（用下标来指出顺序号，数组中也称下标变量）。

因此可以说，数组是用一个名字代表顺序排列的一组数，顺序号就是下标变量的值。

2. 数组的命名

数组的命名规则与简单变量的命名规则一样，即由 1～255 个字符组成，组成的字符可以是字母、汉字、数字和下画线，并且必须以字母开头，不能包含空格、小数点、运算符等有特殊含义的字符。例如：a, x, xscj 等。

3. 数组的维数

数组中下标的个数称为数组的维数。

如果数组中的所有元素，能按行（或列）顺序排成一行（或一列），也就是说，用一个下标便可以确定它们各自所处的位置，这样的数组被称为一维数组。

如果数组中的所有元素，能按行、列顺序排成一个矩阵，换句话说，必须用两个下标才能确定它们各自所处的位置，这样的数组被称为二维数组。

以此类推，三个下标的数组，构成三维数组。有多少个下标的数组，就构成多少维的数组，如四维数组、五维数组等。通常又把二维以上的数组称为多维数组。

例如：

```
a(10)          为一维数组
x(2,3)         为二维数组
b(4,5,6)       为三维数组
```

4. 数组的结构

在同一数组中，构成该数组的元素称为数组元素。

（1）数组中的元素

组成数组的各个元素一般为变量，由于这些变量共用一个变量名，即所在的数组名，因此，必须要通过下标才能相互区别，故数组元素也称为下标变量。

在 VB 中，引用数组中的某一元素，要指出数组名和用括号括起来的数组元素在数组中的位置（顺序号）的下标，即下标变量的标识为：

```
〈数组名〉(〈下标表〉)
```

其中，〈下标表〉是指一个或者几个下标（代表一维或者几维），各下标之间应该用逗号分隔，例如：

a(5)	代表数组 a 中顺序号为 5 的那个元素
c(2,3)	代表数组 c 中第 2 排第 3 列的那个元素

（2）下标的使用说明

① 下标放在数组名后的括号内，例如 x(10), a(4,5), b(2,3,4)等。

② 下标可以是常量、变量或表达式，例如 a(3), x(i), a(10-n,n+2)等。

③ 下标反映的是在数组中的位置。下标值若为非整数，系统将按四舍五入自动取整。

④ 下标变量与简单变量一样，可以被赋值和引用。引用数组元素时的下标值应该在下限与上限之间，否则系统将显示"Subscript out range"（下标超出范围）的出错信息。

5. 数组的类型

在 VB 中，数据有多种数据类型，相应地，数组也有多种类型。可以声明任何基本数据类型的数组，包括用户自定义类型和对象变量，但是一个数组中的所有元素应该具有相同的数据类型。

当然，数据类型为 Variant（变体）型时，各个元素能够包含不同类型的数据（对象、字符串、数值等）。

6. 数组的形式

在 VB 中，根据数组元素的个数能否变化，数组分为静态数组和动态数组。

① 静态数组：数组元素的个数固定不变。

② 动态数组：数组元素的个数在运行时可以改变。

1.2.7 静态数组和动态数组

1. 静态数组

静态数组是在声明时就已经确定了数组元素个数的数组。静态数组是最常用的数组。

声明静态数组的语法格式为：

Dim 〈数组名〉(〈维数定义〉) [As 〈类型〉]

说明：

① 〈维数定义〉指定数组的维数及各维的范围。

[〈下标下界 1〉 To]〈下标上界 1〉[, [〈下标下界 2〉 To]〈下标上界 2〉] …

例如，

```
Dim a( 2 To 4 ) As Integer                    '3 个元素，下标范围为 2 到 4
```

② 下标的上、下界不得超过长整型数据类型的范围（–2 147 483 648～2 147 483 647）。

③ 二维数组各维之间用逗号分隔，例如：

```
Dim a( 1 To 3 , 1 To 4 ) As Double
```

2. Option Base 语句

如果不指定〈下标下界〉，则数组的下界由 Option Base 语句控制。语法格式为：

```
Option Base 〈n〉
```

说明：

① n 只能为 0 或 1。

② 如果没有使用 Option Base 语句，则默认的下界为 0，例如：

```
Dim a(4) As Integer                    '5 个元素，下标范围为 0~4
```

③ 如果使用 Option Base 1 语句，例如：

```
Option Base 1                          ' 默认下界为 1
Dim b( 2 , 1 To 3 , 1 To 4 )
```

则建立了一个三维数组 b，大小为 3 × 3 × 4，元素总数为三个维数的乘积，即 36。

3. 动态数组

在数组的使用中，有时在程序设计阶段并不知道数组所需大小，而无法声明正确的数组大小，或在某个过程中需要一个特别大的数组，如果在程序一开始，就声明一个大数组，则保存该数组的内存长期被占用，会降低系统效率。遇到这些情况时，都可以使用动态数组。对于前一种情况，可以一边输入数据一边随着数据量的增加而重新声明数组的大小；而对于后一种情况，可在需要使用特别大数组的过程中重新声明数组大小，离开该过程前取消该数组。

创建动态数组的步骤如下。

① 用 Public 语句（公用数组）、Dim 语句（模块级数组）、Static 语句或 Dim 语句（局部数组），在过程中声明一个未指明大小及维数的空数组，这样就将数组声明为动态数组了。语法格式为：

```
Public | Private | Dim | Static 〈数组名〉() As 〈类型〉
```

② 用 ReDim 语句分配实际的元素个数，语法格式为：

```
ReDim [ Preserve ] 〈数组名〉(〈维数定义〉) [ As 〈类型〉]
```

例如，第一次声明在模块级所建立的动态数组 a：

```
Dim a() As Integer
```

然后，在过程中给数组分配空间：

```
Private Sub Form_Activate()
  ……
  ReDim a(9, 19)
End Sub
```

这里的 ReDim 语句给 a 分配一个 10×20 的整数矩阵（元素总数为 200）空间。

说明：

① ReDim 语句只能出现在过程中。与 Dim 语句、Static 语句不同，ReDim 语句是

一个可执行语句，由于这一语句的存在，应用程序在运行时将执行一个操作。

② 每次运行程序时，ReDim 语句都会清除数组内容，当前存储在数组中的值将全部丢失，VB 重新将数组元素的值置为 0（对 Numeric 数组）、置为零长度字符串（对 String 数组）或置为 Empty（对 Variant 数组）。此时可以用 Preserve 关键字保留原先的数据。

③ 声明动态数组的时候并不指定数组的维数，数组的维数由第一次出现的 ReDim 语句指定。

④ 对于任一维数，ReDim 语句都能改变元素的数目及其上下界，但是，数组的维数不能改变。

4. 保留动态数组的原有数据

使用 ReDim 语句时，将清除数组中的原有数据。但是，有时需要改变数组大小而又不丢失数组中的数据，这时就可以使用具有 Preserve 关键字的 ReDim 语句。

使用具有 Preserve 关键字的 ReDim 语句来增加数组大小，又不丢失原数据，代码如下：

```
ReDim a(2,4)
  ……
ReDim Preserve a(2,6)
```

则原数组中数据均可保留，且增加了 a(1,5)，a(1,6)，a(2,5)，a(2,6)四个位置。

如果声明 ReDim a(3,4)，将会清除原数组内容。

使用 Preserve 关键字，只能改变多维数组中最后一维的上界，而不能改变维数。例如，如果数组就是一维的，则可以重定义该维的大小，因为它是最末维，也是仅有的一维；如果数组是二维或多维的，则只能改变其最末维才可同时保留数组中的内容。如果改变了其他维或最后一维的下界，运行时就会出错。

1.2.8 运算符和表达式

1. 算术运算符与算术表达式

算术表达式也称数值型表达式，由算术运算符、数值型常量、变量、函数和圆括号组成，其运算结果为一数值。算术表达式的格式为：

〈数值 1〉〈算术运算符 1〉〈数值 2〉[〈算术运算符 2〉〈数值 3〉]

VB 有 7 个算术运算符，见表 1-1。

表 1-1 算术运算符

运 算 符	名 称	示 例
^	指数运算	3 ^ 2，值为 9
*	乘法	4 * 5，值为 20
/	浮点除法	1 / 2，值为 0.5
\	整数除法	1 \ 2，值为 0
Mod	求余的模运算	1 Mod 2，值为 1
+	加法	2 + 3，值为 5
–	减法、取负	5 – 2，值为 3　　−1，值为−1

在算术表达式中包含各种算术运算符，必须规定各个运算的先后顺序，这就是算术运算符的优先级。优选级排序如下：

指数运算^→取负-→乘法*、浮点除法/ →整除\ →求模 Mod →加法+、减法-

2. 字符串运算符与字符串表达式

字符串表达式由字符串常量、字符串变量、字符串函数和字符串运算符组成。

VB 中的字符串运算符是“&”，该运算符用于连接两个或更多的字符串。字符串表达式的格式为：

〈字符串 1〉&〈字符串 2〉[&〈字符串 3〉]

当两个字符串用连接运算符连接起来后，第二个字符串直接添加到第一个字符串的尾部，结果是一个更长的、包含两个源字符串的全部内容的字符串。如果要把多个字符串连接起来，每两个字符串之间都要用“&”号分隔。例如：

```
"12AB" & "3C" & "4DE"                    ' 连接后结果为"12AB3C4DE"
```

另外，在 VB 中，除用“&”作为连接运算符外，还可以用“+”把两个字符串连接成一个字符串。但是“+”容易与算术加法运算符产生混淆，所以建议最好用“&”。

注意：

在 VB 中，当要对不同数据类型进行连接时，“&”会自动将非字符串类型的数据转换成字符串后再进行连接，例如：

```
123 & 456 & "abcd"                       ' 连接后结果为："123456abcd"
```

3. 日期型表达式

日期型表达式由算术运算符（+或–）、算术表达式、日期型常量、日期型变量和函数组成。

日期型表达式的运算有下面 3 种情况：

① 两个日期型数据相减，结果是一个数值型数据（两个日期相差的天数）。例如：

```
#09/16/2018# – #09/10/2018#
```

表示求 2018 年 9 月 16 日与 2018 年 9 月 10 日之间相差几天，结果为数值型数据 6。

② 一个表示天数的数值型数据加到日期型数据中，其结果仍然为一日期型数据（向后推算日期）。例如：

```
#09/16/2018# + 3
```

表示求 2018 年 9 月 16 日向后推算 3 天是什么日期，结果为日期型数据#18-09-19#。

③ 一个表示天数的数值型数据从日期型数据中减掉它，其结果仍然为一日期型数据（向前推算日期）。例如：

```
#09/16/2018# – 3
```

表示求 2018 年 9 月 16 日向前推算 3 天是什么日期，结果为日期型数据#18-09-13#。

4. 关系运算符与关系表达式

关系表达式是用关系运算符将两个表达式连接起来的式子。关系表达式的格式为：

〈表达式 1〉〈关系运算符〉〈表达式 2〉[〈关系运算符〉〈表达式 3〉…]

说明：

① 在 VB 中，提供了 6 种关系运算符，即小于“<”、小于或等于“<=”、大于“>”、大于或等于“>=”、等于“=”、不等于“<>”。

② 关系表达式的运算次序为：先分别求出关系运算符两侧表达式的值，然后再把二者进行比较，二者的关系若与关系运算符指示的一样，则关系运算的结果为真 True，否则为假 False。

③ 关系运算符两侧可以是数值表达式、字符型表达式或日期型表达式，也可以是作为表达式特例的常量、变量或函数。

- 数值型数据：按数值大小进行比较。
- 字符型数据：按 ASCII 码值进行比较。在比较两个字符串时，首先比较两个字符串的第一个字符，ASCII 码值较大的字符所在的字符串大。如果第一个字符相同，则比较第二个……依此类推。常见字符值的大小为

"空格" < "0" < … < "9" < "A" < … < "Z" < "a" < … < "z" < "任何汉字"

- 日期型数据：将日期看成“yyyymmdd”的 8 位整数，按数值大小比较。

④ 关系运算符的运算级别相同，从左向右进行计算。

⑤ 如果运算符两侧的数据类型不相同，则 VB 将进行强制转换。例如：

```
"2" < 3，值为 True，强制转换为数值型
1 > (2 > 1)，值为 True，强制转换为数值型
1 = True，值为 False，强制转换为数值型
```

⑥ 数学不等式：1≤x≤5，在 VB 中不能写成 1 <= x <= 5。

⑦ 不要对单精度数或双精度数进行等于“=”比较，例如：

```
1.0/3.0*3.0=1.0
```

在数学上该表达式为恒等式。但由于计算机运算时的浮点误差，将造成不相等。

5. 逻辑运算符与逻辑表达式

逻辑表达式是指用逻辑运算符连接若干关系表达式或逻辑值而组成的式子。如不等式 1≤x≤5 可以表示为 1 <= x And x <= 5。逻辑表达式的值也是一个逻辑值。

VB 中，常用的逻辑运算符有 3 种：Not、And、Or。

② 非（Not）：表示由真变假，或由假变真，进行取“反”操作。

② 与（And）：当两个表达式的值均为真时，结果才为真，否则为假。

③ 或（Or）：两个表达式中只要有一个值为真，结果就为真，只有两个表达式的值均为假，结果才为假。

布尔运算真值表，见表 1-2。

表 1-2　布尔运算真值表

a	b	Not a	a And b	a Or b
True	True	False	True	True
True	False	False	False	True
False	True	True	False	True
False	False	True	False	False

注意：

关系表达式绝不能比较逻辑型数据！例如：设 Yn 为逻辑型变量，则下面写法是错误的。

```
Yn = True
```

6. 运算符的优先顺序

当在一个表达式中需要进行多种运算操作时，VB 会按一定的顺序进行求值，称这个顺序为运算符的优先顺序。运算符的优先顺序，见表 1-3。

表 1-3　运算符的优先顺序

优先顺序	运算符类型	运　算　符	运算符类型	运　算　符
1	算术运算符	^（指数）	字符串运算符	&（字符串连接）
2		–（负数）		
3		*、/（乘法和除法）		
4		\（整除）		
5		Mod（求模）		
6		+、–（加法和减法）		
7	关系运算符	=、<>、<、>、<=、>=		
8	布尔运算符	Not		
9		And		
10		Or		

注意：

① 同级运算按照从左到右的顺序进行。

② 括号内的运算优先于括号外的运算，在括号内运算符的优先顺序不变。

1.3　Visual Basic 常用函数

考试要点：

（1）掌握下列算术函数：Abs、Exp、Log、Rnd、Sgn、Sqr；

(2) 掌握下列字符串函数：Asc、Chr、Lcase、Ucase、Left、Len、Trim、Mid、Right、Space、String、InStr；

(3) 掌握下列日期及时间函数：Time、Date、Now、Day、Month、Year、Weekday；

(4) 掌握下列转换函数：Str、Val、Chr、Asc、Int；

(5) 掌握下列用户交互函数：Inputbox、Msgbox；

(6) 了解下列函数：Cint、Fix、CBool、Cbyte、Cdbl、Cstr、Sin、Cos、Atn；

(7) 掌握下列数组函数：Array、Ubound、Lbound。

重点：

(1) 算术函数：Abs、Exp、Log、Rnd、Sgn、Sqr；

(2) 字符串函数：Asc、Chr、Lcase、Ucase、Left、Len、Trim、Mid、Right、Space、String、InStr；

(3) 日期及时间函数：Time、Date、Now、Day、Month、Year、Weekday；

(4) 转换函数：Str、Val、Chr、Asc、Int；

(5) 用户交互函数：Inputbox、Msgbox；

(6) 数组函数：Array、Ubound、Lbound。

难点：

(1) 字符串函数 Asc、Mid、String 的使用；

(2) 用户交互函数 Inputbox、Msgbox 的使用。

1.3.1　算术函数

Abs 函数：返回数的绝对值。

Exp 函数：返回 e 的指定次幂。

Log 函数：返回一个数的对数。

Rnd 函数：返回[0,1)之间的一个随机数。

Sgn 函数：返回参数的正负号。当 $x>0$ 时，Sgn(x)的值为 1；当 $x=0$ 时，Sgn(x)的值为 0；当 $x<0$ 时，Sgn(x)的值为−1。

Sqr 函数：返回数的平方根。

1.3.2　字符串函数

Asc 函数：将全角字符转换为半角字符。

Chr 函数：返回 ASCII 代码字符码所代表的字符。

Lcase 函数：返回以小写字母组成的字符串。

Ucase 函数：返回以大写字母组成的字符串。

Left 函数：返回从字符串左边开始的指定数目的字符。
Len 函数：返回字符串的长度。
Trim 函数：删除字串首尾两端的空格。
Mid 函数：返回从字符串指定位置开始的指定数目字符。
Right 函数：返回从字符串右端开始的指定数目的字符。
Space 函数：返回由指定数目空格组成的字符串。
String 函数：返回包含一个重复了指定次数的字符的字符串。
InStr 函数：返回某字符在另一个字符串中首次出现的位置。

1.3.3 日期及时间函数

Time 函数：返回当前时间值（hh:mm:ss）。
Date 函数：返回当前日期值（yy–mm–dd）。
Now 函数：返回当前的日期和时间值。
Day 函数：返回查找的天数值。
Year 函数：返回年份（yyyy）。
Weekday 函数：返回代表一周中第几天的数值，是一个 1～7（或 0～6）之间的整数。

1.3.4 转换函数

Str 函数：返回把数值型数据转换为字符型数据后的字符串。
Val 函数：把一个数字字符串转换为相应的数值。
Chr 函数：返回 ASCII 代码字符码所代表的字符。
Asc 函数：将全角字符转换为半角字符。
Int 函数：返回不大于给定数的最大整数。

1.3.5 用户交互函数

Inputbox 函数：弹出一个对话框，在其中显示提示，等待用户输入文字并按下按钮，然后返回用户输入的文字。

Msgbox 函数：弹出一个对话框，等待用户单击按钮，并返回一个 Integer 值表示用户单击了哪一个按钮。

1.3.6 数组函数

Array 函数：赋给包含在 Variant 中的数组元素的值的列表（用逗号分隔）。如果没有指定此参数，则将会创建零长度的数组。

Ubound 函数：指定的数组维数可用的最大下标。

Lbound 函数：指定数组维数可用的最小下标。

1.3.7 其他函数

Cint 函数：转换为整型。

Cstr 函数：转换为字符串型。

Cbyte 函数：转换为字节型。

CBool 函数：转换为布尔型数。

Cdbl 函数：转换为双精度浮点数。

Sin 函数：返回一个数的正弦值。

Cos 函数：返回一个数的余弦值。

Atn 函数：指定一个数的反正切值。

Fix 函数：返回参数的整数部分。

1.4 Visual Basic 设计界面

考试要点：

（1）掌握窗体的属性：Name、Caption、AutoRedraw、Enabled、Left、Height、Top、Width、Visible。

（2）了解窗体的属性：Font、BackColor、ForeColor、Icon。

（3）掌握窗体的常用方法：Move、Show、Hide、Print、Refresh、Cls。

（4）掌握窗体的事件：Click、DblClick、Load、Unload。

（5）了解窗体的事件：Activate、Deactivate。

（6）掌握文本框（Textbox）的属性：Text、Sellength、Selstart、Seltext、PasswordChar。

（7）了解文本框的属性：Alignment、MaxLength、MultiLine。

（8）掌握文本框的事件：Change、LostFocus。

（9）了解标签（label）的属性：Alignment、AutoSize。

（10）掌握命令按钮（CommandButton）的属性：Cancel、Default。

（11）掌握列表框（ListBox）的属性：List、ListCount、ListIndex、Text、Selected。

（12）了解列表框的属性：Columns、Sorted。

（13）掌握列表框的方法：AddItem、Clear、RemoveItem。

（14）掌握组合框（ComboBox）的属性：Text。

（15）了解组合框的属性：Style。

（16）掌握组合框的方法：AddItem、Clear、RemoveItem。

(17) 掌握单选按钮(OptionButton)、复选框(CheckBox)及框架(Frame)的属性：Alignment、Value。

(18) 掌握图片框(PictureBox)与图像(Image)控件的属性：AutoSize、Image、Picture。

(19) 掌握图形文件的装入：Loadpicture。

(20) 掌握定时器(Timer)的下列属性：Interval、Enabled。

(21) 掌握定时器事件：Timer。

(22) 掌握公共属性：Name、Caption、Enabled、Font、Height、Width、Index、Left、Top、Visible。

(23) 掌握公共方法：Move、Refresh、Setfocus。

(24) 掌握公共事件：Click、DblClick、LostFocus、Change。

(25) 掌握窗体菜单的创建。

(26) 掌握滚动条的属性：Max、Min、LargeChange、SmallChange、Value。

(27) 掌握滚动条的事件：Scroll、Change。

重点：

(1) 窗体的常用属性(Name、Caption、Enabled)和方法(Move、Show、Print)。

(2) 文本框的属性(Text、Sellength、Selstart、Seltext、PasswordChar)。

(3) 列表框的属性(List、ListCount、ListIndex、Selected)和方法(AddItem、Clear、RemoveItem)。

(4) 组合框的方法(AddItem、Clear、RemoveItem)。

(5) 定时器的属性(Interval、Enabled)。

难点：

(1) 列表框控件的 ListCount、ListIndex、Selected 属性。

(2) 图片框控件的 AutoSize、Picture 属性。

(3) 定时器控件的 Interval、Enabled 属性。

(4) 掌握窗体菜单的创建。

1.4.1 窗体(Form)

1. 窗体的属性

Name 属性：窗体名称。

Caption 属性：标题。

AutoRedraw 属性：控制对象自动重画。

Enabled 属性：对象是否可用。

Left 属性：控件与窗体左边界的距离。

Height 属性：设置或返回对象的高度。

Top 属性：控件与窗体上边界的距离。

Width 属性：对象宽度。

Visible 属性：窗体是否可见。

Font 属性：按序号返回可用字体名称。

BackColor 属性：背景颜色。

ForeColor 属性：前景颜色。

Icon 属性：窗体最小化后显示的图标。

2. 窗体的方法

（1）Move 方法

用以移动 MDIForm、Form 或控件。语法格式为：

```
[对象名.] Move left, [top,] [width,] [height]
```

说明：只有 left 参数是必须的。但是，要指定任何其他的参数，必须先指定出现在语法中该参数前面的全部参数。例如，如果不先指定 left 和 top 参数，则无法指定 width 参数。任何没有指定的尾部的参数则保持不变。

（2）Show 方法

用以显示 MDIForm 或 Form 对象。语法格式为：

```
[对象名.]Show style, ownerform
```

说明：Style 是可选的，它用以决定窗体是模式的还是无模式的。如果 style 为 0，则窗体是无模式的；如果 style 为 1，则窗体是模式的。ownerform 可选，字符串表达式，指出部件所属的窗体被显示。对于标准的 VB 窗体，使用关键字 Me。

（3）Hide 方法

用以隐藏 MDIForm 或 Form 对象，但不能使其卸载。语法格式为：

```
对象名. Hide
```

说明：隐藏窗体时，它在屏幕上不可见，并将其 Visible 属性设置为 False。

（4）Print 方法

对于一些对输出位置要求不很严格的数据，可以使用 Print 方法实现数据输出。

Print 方法可以在窗体上输出文本字符串或表达式的值，并可在其他图形对象或打印机上输出信息。其语法格式为：

```
[〈对象名〉.] Print [表达式表] [{,|;}]
```

（5）Refresh 方法

Refresh 用于刷新窗体或控件。语法格式为：

```
对象名. Refresh
```

例如，

```
Form1.Refresh                ' 刷新 Form1 窗体
```

（6）Cls 方法

Cls 方法可以清除 Form 或 PictureBox 中由 Print 方法和图形方法在运行时所生成的文本或图形，清除后的区域以背景色填充。Cls 方法的语法格式为：

```
[ 对象名 .] Cls
```

说明：

对象名可以是 Form（窗体）或 PictureBox（图片框），如果省略对象名，则清除窗体上由 Print 方法和图形方法在运行时所生成的文本或图形。

设计时使用 Picture 属性设置的背景位图和放置的控件不受 Cls 影响。

3. 窗体的事件

Click 事件：单击事件。

DblClick 事件：双击事件。

Load 事件：装载事件。

Unload 事件：卸载事件。

Activate 事件：激活事件。

Deactivate 事件：禁用事件。

1.4.2 文本框（Text）

1. 文本框的属性

（1）Text 属性

表示文本框中包含的文本内容。

（2）Sellength 属性、Selstart 属性、Seltext 属性

这 3 个属性都与选区有关，针对选中的一串字符串，Selstart 是指选区的第一个字符；Sellength 是指选中的长度；Seltext 是指选中的字符。如：

文本框 Text1.text="1234567890"，现在要选中"456"，代码为：

```
Text1.Selstart=3
Text1.Seltength=3
```

如果想得到选中的字符串，则

```
str1=Text1.Seltext
```

（3）PasswordChar 属性

指定显示在文本框中的替代符，如一串“*”号等，主要用于口令的输入。如果 MultiLine 属性被设为 True，则 PasswordChar 属性不起作用。

（4）Alignment 属性

设置或返回一个值，决定文本框中值的对齐方式。当值为 0 时，表示文本左对齐；当值为 1 时，表示文本右对齐；当值为 2 时，表示文本居中。

为保证 Alignment 属性能够准确工作，Textbox 控件中的 MultiLine 属性必须设置为

True。如果 Textbox 控件中的 MultiLine 设置为 False，则忽略 Alignment 属性。

（5）MaxLength 属性

指定显示在文本框中的字符数，超出部分不接收，并同时发出嘟嘟声。

（6）MultiLine 属性。

当 MultiLine 属性为 True 时，文本框可以输入或显示多行文本，同时具有文字处理器的自动换行功能，即输入的文本超出显示框时，会自动换行。按 Ctrl+Enter 组合键可插入一空行。

2. 文本框的事件

Change 事件：当文本框中的内容改变时触发该事件。

LostFocus 事件：当控件失去焦点时触发该事件。

1.4.3 标签（Label）

（1）Alignment 属性

设置或返回一个值，决定标签（Label）控件中的文本的对齐方式。当值为 0 时，表示文本左对齐；值为 1 时，表示文本右对齐；值为 2 时，表示文本居中。

例如，Label2.Alignment = 2 表示 Label2 控件中的文本居中对齐。

（2）AutoSize 属性

设置控件是否能够自动调整大小以显示所有的内容。其语法格式如下：

```
Object.AutoSize[=True 或 False]
```

1.4.4 命令按钮（CommandButton）

（1）Cancel 属性

设置该按钮为默认的取消按钮，按 Esc 键可以触发。例如：

```
Command2. Cancel=True
```

（2）Default 属性

设置该按钮为默认的活动按钮，默认时，按回车键可以触发。

如果一个按钮的 Default 属性设置为 True，那么这个按钮就是这个窗体的默认按钮，在进入窗体后按回车即可执行这个按钮的事件。例如：

```
Command1.Default=True
```

1.4.5 列表框（ListBox）

1. 列表框的属性

（1）List 属性

该属性是一个字符数组，存放列表框的项。List 数组的下标从 0 开始，即第一个元素的下标是 0。例如：

```
Listl.List(0)=\"张三\"
Listl.List(1)=\"李四\"
Listl.List(2)=\"王五\"
Listl.List(3)=\"杜六\"
```

（2）ListCount 属性

ListCount 的值表示列表框中项目的数量。ListCount-l 表示列表中最后一项的序号。该属性只在程序运行时设置或引用。

使用 0～ListCount-1 之间的一个索引号与 List 属性可以获得任何一个列表项的内容。

（3）ListIndex 属性

ListIndex 的值表示执行时选中的列表项序号。如果未选中任何项，则 ListIndex 的值为-1。该属性只在程序运行时设置或引用。

（4）Text 属性

Text 属性值是被选中列表项的文本内容。该属性只在程序运行时设置或引用。说明，Listl.Text 表示被选中列表项的文本内容，即 Listl.ListIndex 项的值。

（5）Selected 属性

Selected 属性是一个逻辑数组，其元素对应列表框中相应的项，表示对应的项在程序运行期间是否被选中。例如，Selected(i)的值为 True，表示第 i+1 项被选中。该属性只在程序运行时设置或引用。

（6）Columns 属性

该属性用来确定列表框的列数。属性值为 0，则列表框单列显示，默认状态；属性值为 l，则列表框呈多列显示；属性值为大于 1 且小于列表框中的项目数，则列表框呈单行多列显示。

属性值为 0 时，如果表项的总高度超过了列表框的高度，将在列表框的右边加上一个垂直滚动条，可以通过它上下移动列表。

属性值不为 0 时，如果表项的总高度超过了列表框的高度，将把部分表项移到右边一列或几列显示。当各列宽度之和超过列表框的宽度时，将自动在底部增加一个水平滚动条，可以通过它左右移动列表。

（7）Sorted 属性

决定列表框中项目在程序运行期间是否按字母排列显示。值为 True，表示按字母顺序排列显示；值为 False，表示按加入先后顺序排列显示。该属性只在设计状态设置。

2. 列表框的方法

（1）AddItem 方法

格式：列表框.AddItem(项目字符串)[索引值]

功能：把“项目字符串”的文本放到列表框中。

说明：如果省略了[索引值]，则文本被放在列表框的尾部。可以用[索引值]指定插入在列表框中的位置，表中的项目是从 0 开始计数的，[索引值]不能大于表中项数 ListCount-1。该方法只能单个地向表中添加项目。

（2）Clear 方法

格式：列表框.Clear

功能：删除列表框中的全部内容。

说明：执行了 Clear 方法后，ListCount 重新被设置为 0。

（3）RemoveItem 方法

格式：列表框.RemoveItem(索引值)

功能：删除列表框中指定的项目。

说明：从列表框中删除以“索引值”为地址的项目，该方法每次只删除一个项目。

1.4.6 组合框（ComboBox）

1. 组合框的属性

（1）Text 属性

该属性是用户所选项目的文本或直接从编辑区输入的文本。

（2）Style 属性

该属性是组合框的一个重要属性，其取值为 0，1，2，它决定了组合框的 3 种不同类型，即下拉组合框（默认）、简单组合框和下拉列表框。

- Style 属性为 0—Dropdown Combo（下拉组合框）：显示在屏幕上的仅是文本编辑框和一个下拉箭头。执行时，用户可直接在文本框区输入内容，也可用鼠标单击右边的下拉箭头，打开列表框供用户选择，选中的内容将显示在文本框上。这种组合框允许用户输入不属于列表内的选项。当用户再次用鼠标单击下拉箭头时，下拉列表项就会消失，仅显示文本框。
- Style 属性为 1—Simple Combo（简单组合框）：它列出所有的项目供用户选择，右边没有下拉箭头，列表框不能被收起，且与文本编辑框一起显示在屏幕上。可以在文本框中输入列表框中没有的选项。注意：必须用鼠标拖动后才能显示全部项目。
- Style 属性为 2—Dropdown List（下拉列表框）：其功能与下拉组合框类似，区别是不能输入列表框中没有的项。

2. 组合框的方法

（1）AddItem 方法

格式：组合框. AddItem(项目字符串)[索引值]

功能：把“项目字符串”的文本放到组合框中。

说明：如果省略了[索引值]，则文本被放在组合框的尾部。可以用[索引值]指定插入在组合框中的位置，表中的项目是从 0 开始计数的，[索引值]不能大于表中项数 ListCount-1。该方法只能单个地向表中添加项目。

（2）Clear 方法

格式：组合框.Clear

功能：删除组合框中的全部内容。

说明：执行了 Clear 方法后，ListCount 重新被设置为 0。

（3）RemoveItem 方法

格式：组合框.RemoveItem(索引值)

功能：删除组合框中指定的项目。

说明：从组合框中删除以“索引值”为地址的项目，该方法每次只删除一个项目。

1.4.7 单选按钮（OptionButton）

（1）Alignment 属性

当其值为 0 时，表示单选钮在左边，标题显示在右边，文本左对齐，默认设置；当其值为 1 时，表示单选按钮在右边，标题显示在左边，文本右对齐。

（2）Value 属性

当值为 True 时，表示单选按钮被选定；当值为 False 时，表示单选按钮未被选定，默认设置。

1.4.8 复选框（CheckBox）

（1）Alignment 属性

当其值为 0 时，表示复选框在左边，标题显示在右边，文本左对齐，默认设置；当其值为 1 时，表示复选框在右边，标题显示在左边，文本右对齐。

（2）Value 属性

复选框的状态属性 Value 与单选按钮不同。复选框的 Value 属性的取值为：

0—Unchecked：复选框未被选定，默认设置。

1—Checked：复选框被选定。

2—Grayed：复选框变成灰色，禁止用户选择。

1.4.9 图片框（PictureBox）、图像（Image）

1. 常用属性

（1）AutoSize 属性

当该属性设置为 True 时，PictureBox 能自动调整大小以便与显示的图片匹配。

（2）Image 属性

窗体或图片框的图形句柄。

（3）Picture 属性

用于设置控件要显示的图形。该属性不管是在属性窗口还是在运行时用程序设置，均要求有完整的路径名和文件名。

2. 图形文件的装入

在运行时要显示或替换图片，可利用 LoadPicture 函数设置 Picture 属性。LoadPicture 函数的语法格式为：

```
LoadPicture([〈文件名〉])
```

其中〈文件名〉是一个字符串表达式，包括驱动器、文件夹和文件的名称。如果省略〈文件名〉，LoadPicture 将清除图像。

1.4.10 定时器（Timer）

1. 定时器的属性

（1）Interval 属性

表示两个计时器事件之间的时间间隔，其值以毫秒（ms）为单位，介于 0～64767ms 之间，所以最大的时间间隔约为 1.5min。例如：

- 如果需要屏蔽计时器，则将 Interval 设为 0。
- 如果需每 1s 产生一个计时器事件，则将 Interval 属性值设为 1000。这样，每隔 1000ms 激发一次计时器事件。

（2）Enabled 属性

该属性为 True 时，定时器开始工作；该属性为 False 时，暂停。

2. 定时器的事件 Timer

Timer 控件能有规律地以一定的时间间隔激发 Timer 事件来执行相应的程序代码。

1.4.11 窗体菜单的创建

菜单一般分为两种基本类型：下拉式菜单和弹出式菜单。

1. 下拉式菜单

在 VB 中，菜单是一个控件，与其他控件一样，它具有定义其外观与行为的属性。在设计或运行时可以设置 Caption 属性、Enabled 和 Visible 属性、Checked 属性，以及其他属性。

菜单控件只包含一个事件，即 Click 事件，当用鼠标或键盘选中该菜单控件时，将调用该事件。与其他控件不同的是，菜单控件不在 VB 的工具箱中，需要在 VB 的“菜单编辑器”中进行菜单的设计。

利用菜单编辑器可以在窗体中建立下拉式菜单，设计步骤为：

① 新建一个窗体，并设计用户界面。

② 利用菜单编辑器设计各菜单项。

③ 利用代码编辑窗口编写每一菜单项的事件过程。

④ 运行并调试各菜单命令。

2. 弹出式菜单

设计弹出式菜单的步骤可以分为两步。

① 使用菜单编辑器建立菜单，此步骤与前面介绍的建立下拉菜单的方法一样，只是必须把主菜单的“可见”栏 Visible 属性设置为 False，其子菜单项的 Visible 属性不要设置为 False。

② 利用窗体的 PopupMenu 方法显示弹出式菜单。

语法为：

[〈窗体名〉.] PopupMenu〈菜单名〉[, Flags [,x [, y [, Boldcommand]]]]

1.4.12 滚动条（ScrollBar）

1. 滚动条的属性

（1）Min、Max 属性

Min 和 Max 属性用来返回或设置滚动条所能代表的最小值和最大值，其取值范围为 −32768～32767。Min 属性的默认值为 0，Max 属性的默认值为 32767。

（2）LargeChange 属性

LargeChange 属性用来返回或设置单击滚动框和滚动箭头之间的区域时，滚动条控件 Value 属性值的改变量。例如，若设置 LargeChange 属性值 20，则单击水平滚动框左边的区域时，滚动条的 Value 属性值将递减 20；若单击滚动框右边的区域，则 Value 将递增 20。该属性的默认值为 1。

（3）SmallChange 属性

SmallChange 属性用来返回和设置当用户单击滚动箭头时，滚动条控件 Value 属性值的改变量。当单击滚动条两端的箭头按钮时，滚动条的值将按最小改变量进行递增或递减。该属性的默认值为 1。

（4）Value 属性

Value 属性用来返回或设置滚动条的当前位置，其返回值始终介于 Max 和 Min 属性值之间，包括这两个值。

2. 滚动条的事件

（1）Change 事件

在程序运行过程中，每当滚动条的 Value 属性发生变化时，就发生 Change 事件。而每当用户用鼠标单击滚动箭头、单击滚动框与箭头之间的区域或沿着滚动条拖拉滚动框的动作结束时，滚动条的 Value 属性就发生变化。

在实际应用中，由于在单击滚动条或滚动箭头时将产生 Change 事件，因此常利用 Change 事件来获得滚动条变化后的最终值。

（2）Scroll 事件

在滚动条内拖动滚动框时，将触发产生滚动条的 Scroll（滚动）事件。在实际编程中，常用 Scroll 事件过程来跟踪滚动条在拖动时数值的动态变化。

1.4.13 常用的公共属性、公共方法、公共事件

1. 公共属性

Name 属性：对象名称。

Caption 属性：标题。

Enabled 属性：对象是否可用。

Fonts 属性：按序号返回可用字体名称。

Height 属性：设置或返回对象的高度。

Width 属性：对象宽度。

Index 属性：设置或返回控件数组中控件的下标。

Left 属性：控件与窗体左边界的距离。

Top 属性：控件与窗体上边界的距离。

Visible 属性：控件是否可见。

2. 公共方法

Move 方法：移动控件。

Refresh 方法：刷新窗体或控件。

Setfocus 方法：设置焦点。

3. 公共事件

Click 事件：单击。

DblClick 事件：双击。

LostFocus 事件：失去指针。

Change 事件：改变。

1.5　Visual Basic 的基本语句

考试要点：

(1) 掌握 Option Base 语句，了解 Option Explicit 语句；
(2) 掌握赋值语句；
(3) 掌握下列分支结构语句 If…Then…Else、Select Case；
(4) 掌握下列循环结构语句 Do While…Loop、For…Next，掌握双重循环运行过程；
(5) 了解其他循环结构语句 Do…Until、While…Wend。

重点：

(1) 赋值语句；
(2) 分支结构语句 If…Then…Else、Select Case；
(3) 循环结构语句 Do While…Loop、For…Next。

难点：

(1) 分支结构语句 If…Then…Else、Select Case；
(2) 循环结构语句 Do While…Loop、For…Next，双重循环运行过程。

1.5.1　Option Base 语句

1. Option Base 语句

在模块级别中使用，用来声明数组下标的默认下界。语法格式为：

```
Option Base〈n〉
```

其中，n 只能为 0 或 1。

① 如果没有使用 Option Base 语句，则默认的下界为 0。例如：

```
Dim a(3) As Integer                    '4 个元素，下标范围为 0 到 3
```

② 如果使用 Option Base 1 语句，例如：

```
Option Base 1                          ' 默认下界为 1
Dim a(3) As Integer                    '3 个元素
```

2. Option Explicit 语句

使用 Option Explicit 语句可以强制显示声明所有变量。使用 Option Explicit 可以避免在输入已有变量时出错，在变量的范围不是很清楚的代码中使用该语句可以避免混乱。语法格式为：

```
Option Explicit
```

说明：

① 如果使用 Option Explicit 语句，必须写在模块的所有过程之前。

② 如果使用了 Option Explicit，则必须使用 Dim、Private、Public、ReDim 或 Static 语句来显示声明所有的变量。如果使用了未声明的变量名在编译时会出现错误。

③ 如果没有使用 Option Explicit 语句，除非使用 Deftype 语句指定了默认类型，否则所有未声明的变量都是 Variant 类型的。

1.5.2 赋值语句

用赋值语句可以把指定的值赋给某个变量或某个对象的属性，它是为变量和对象属性赋值的主要方法。语法格式为：

[Let]〈名称〉=〈表达式〉

说明：

（1）[Let]表示赋值，通常省略。

（2）〈表达式〉可以是算术表达式、字符串表达式、关系型表达式或逻辑表达式，其类型应与变量名的类型一致，即同时为数值型或同时为字符型，否则会出现“类型不匹配”的错误。当同时为数值型但有不同的精度时，强制转换成左边的精度。

（3）赋值语句是先计算〈表达式〉，然后再赋值。

（4）格式中的赋值号不是数学上的等号。如语句 a = 2 应读作“将数值 2 赋给变量 a”或是“使变量 a 的值等于 2”，可以理解为 $a \Leftarrow 2$。

1.5.3 分支结构语句

1. 单行结构条件语句 If…Then…Else

单行条件语句比较简单，其语法格式为：

If〈条件〉Then [〈语句组 1〉] [Else〈语句组 2〉]

说明：

①〈条件〉可以是关系表达式、布尔表达式或数值表达式。如果以数值表达式做条件，则非 0 值为真，0 为假。

② 单行条件语句的执行过程为：判断〈条件〉，若为 True，则执行〈语句组 1〉；否则执行 Else 后面的〈语句组 2〉。

③ 如果没有 Else 子句，〈语句组 1〉为必要参数，在〈条件〉为 True 时执行。〈条件〉为 False 时，什么都不做，执行 If 下面的语句。

2. 多行结构条件语句 If…Then…Else…End If

使用单行 If 语句时，如果 Then 部分和 Else 部分包含内容较多，可以用 VB 提供的多行 If 语句，其语法格式为：

```
If〈条件〉Then
  〈语句组 1〉
[Else
  〈语句组 2〉]
End If
```

3. If 语句的嵌套

If 语句的嵌套是指 If 或 Else 后面的语句块中又包含 If 语句，其语法格式为：

```
If〈条件 1〉Then
If〈条件 2〉Then
   …
End If
   …
End If
```

4. If 语句的嵌套格式 ElseIf

当需要多层 If 语句嵌套时，可以使用 If 语句的嵌套格式 ElseIf 进行设计，使程序简化易写，其语法格式为：

```
If〈条件 1〉Then
  〈语句组 1〉
ElseIf〈条件 2〉Then
  〈语句组 2〉
    …
[Else
  〈语句组 n+1〉]
End If
```

5. 多条件多分支 Select Case 语句

使用 Select Case 语句进行多分支选择的特点是：从多个选择分支中，选择第一个条件为真的路线作为执行路线。Select Case 语句的语法格式为：

```
Select Case〈测试条件〉
  [Case〈表达式表 1〉
     〈语句组 1〉]
  [Case〈表达式表 2〉
     〈语句组 2〉]
  …
  [Case Else
```

```
            〈语句组 n+1〉 ]
        End Select
```

说明：

① 在 Select Case 语句中的 Case 子句中，〈表达式表〉为必要参数，用来测试其中是否有值与〈测试条件〉相匹配。

② Case 子句中的〈表达式表〉是一个或多个表达式的列表，形式有以下 3 种。

形式①：表达式

说明：表达式为数值表达式或字符串表达式。例如：

```
        Case 3 * x
```

形式②：表达式 To 表达式

说明：用来指定一个值范围，较小的值要出现在 To 之前。例如：

```
        Case 1 To 10
```

形式③：Is 关系运算表达式

说明：可以配合比较运算符来指定一个数值范围。如果没有提供，则 Is 关键字会被自动插入。例如：

```
        Case Is < 100
```

1.5.4 循环结构语句

1. 前测型 Do 循环语句

前测型 Do 循环的特点是：先判断循环条件，根据条件决定是否执行循环体，执行循环体的最少次数为 0。其语法格式为：

```
        Do [{ While | Until } 〈条件〉 ]
            [ 〈语句组 1〉 ]
            [Exit Do]
            [ 〈语句组 2〉 ]
        Loop
```

说明：

① 前测型 Do 循环是先判断条件，再执行循环体。根据条件分当型和直到型：

- 当型 Do While…Loop：当条件为 True 时执行循环体，条件为 False 时，终止循环。
- 直到型 Do Until…Loop：当条件为 False 时执行循环体，直到条件为 True 时，终止循环。

② 在 Do 循环中，可以在循环体中放置任意个数的 Exit Do 语句，随时跳出 Do 循环。

2. 后测型 Do 循环语句

后测型 Do 循环的执行特点是：先执行循环体，然后判断条件，根据条件决定是否继续执行循环，因此执行循环的最少次数为 1。其语法格式为：

```
Do
    [〈语句组 1〉]
    [Exit Do]
    [〈语句组 2〉]
Loop [{While | Until} 〈条件〉]
```

说明：后测型 Do 循环是先执行一次循环体后，再进行条件判断。分为当型和直到型：

- 当型 Do…While Loop：当条件为 True 时继续执行循环体，条件为 False 时，终止循环。
- 直到型 Do…Until Loop：当条件为 False 时继续执行循环体，直到条件为 True 时，终止循环。

3. For 循环的简单设计

For...Next 语句的语法格式为：

```
For〈循环变量〉=〈初值〉To〈终值〉[Step〈步长〉]
    [ 语句组 1 ]
    [Exit For]
    [ 语句组 2 ]
Next [ 循环变量 ]
```

说明：

①〈步长〉可以是正数或负数。当步长的值为 1 时，可以省略。

② For 语句的执行过程：进入 For 循环后，首先把〈初值〉赋给〈循环变量〉，检查〈循环变量〉的值是否超过〈终值〉。如果超过就停止执行循环体，跳出循环，执行 Next 后面的语句；否则执行一次循环体，然后把〈循环变量〉+〈步长〉的值赋给〈循环变量〉，重复上述过程。

③ 可以在循环中的任何位置放置任意个 Exit For 语句，随时退出循环。

4. For 循环的循环次数

循环次数由初值、终值和步长三个因素决定。可以通过下式计算：

```
循环次数=INT((终值-初值)/步长+1)
```

如果计算出的循环次数小于或者等于 0，循环次数为 0，这时系统将不执行循环体。当初值等于终值时，不管步长是正数还是负数，均执行一次循环体。

5. For 循环的嵌套

For 循环的嵌套通常有以下 3 种形式。

（1）一般嵌套形式。

```
For a1=…
  For a2=…
```

```
        For a3=…
          …
        Next a3
      Next a2
    Next a1
```

（2）上式中 Next 后面的 a1、a2、a3 可以省略不写。

（3）当内层循环与外层循环有相同的终点时，可共用一个 Next 语句。但是，控制变量名不能省略。例如：

```
For a=1 To 2
  For b=2 To 3
    For c=3 To 4
      Print a , b , c
Next c , b , a
```

6. While…Wend 循环语句

While…Wend 循环功能上和 Do…While 循环一样，先测试条件，当条件为真时语句被执行，一旦条件为假就退出该循环。其语法格式为：

```
While 条件
   语句
Wend
```

1.6 过程设计

考试要点：

（1）掌握 Sub 过程（事件 Sub 过程及通用 Sub 过程）的定义和调用。

（2）掌握 Function 过程的定义及调用。

（3）掌握过程调用时的数据传递：按值传递、按地址传递、命名传递。

（4）了解简单变量参数、数组参数、对象参数的传递。

（5）了解静态过程。

（6）了解模块级变量及全局变量的应用。

（7）了解多窗体工程的设计。

重点：

（1）Sub 过程的定义和调用。

（2）Function 过程的定义及调用。

（3）过程调用时的数据传递。

难点：

（1）过程调用时的数据传递。

（2）模块级变量及全局变量的应用。

1.6.1　Sub 过程

1. 事件 Sub 过程

事件过程由 VB 自行声明，用户不能增加或删除。当用户对某个对象发出一个动作时，Windows 会通知 VB 产生了一个事件，VB 会自动地调用与该事件相关的事件过程，即当对象对一个事件的发生做出认定时，VB 便自动用相应于事件的名字调用该事件的过程。

控件事件过程的语法格式为：

```
Private Sub〈控件名〉_〈事件名〉([ 形参表 ])
  [ 语句组 ]
End Sub
```

窗体事件过程的语法格式为：

```
Private Sub Form_〈事件名〉([ 形参表 ])
  [ 语句组 ]
End Sub
```

2. 建立通用 Sub 过程

建立通用 Sub 过程有 2 种方法：一是使用“添加过程”对话框；二是直接在“代码”编辑窗口中输入过程代码。

（1）使用“添加过程”对话框创建过程

打开代码编辑窗口，单击“工具”菜单→“添加过程”命令，打开“添加过程”对话框，从中选择相关选项。

（2）通过在代码窗口中输入语句建立子过程

语法格式为：

```
[ Private | Public ][ Static ] Sub〈过程名〉( [ 形参表 ] )
  [ 语句组 ]
  [ Exit Sub ]
  [ 语句组 ]
End Sub
```

说明：

① VB 默认所有模块中的子过程是 Public（公用的），表示在应用程序中可随处调用它们；如果选用 Private（局部的），则只有该过程所在模块中的程序才能调用该过程。

② 如果使用 Static（静态）关键字，则该过程中的所有局部变量的存储空间只分配一次，且这些变量的值在整个程序运行期间都存在；如果省略 Static，过程每次被调用时重新为其变量分配存储空间，当该过程结束时释放其变量的存储空间。

③ 过程名与变量名的命名规则相同，长度不得超过 40 个字符。

3. 调用通用 Sub 过程

（1）使用 Call 语句

Call〈过程名〉([实参表])

（2）直接使用过程名

〈过程名〉[〈实参表〉]

说明：

① 当用 Call 语句调用执行过程时，其过程名后必须加括号，若有参数，则参数必须放在括号内。

② 若省略 Call 关键字，则过程名后不能加括号，若有参数，则参数直接跟在过程名之后，参数与过程名之间用空格隔开，参数与参数之间用逗号分隔。

1.6.2 Function 过程

1. 定义 Function 函数过程

（1）通过“添加过程”对话框定义函数

打开“添加过程”对话框，在“类型”中选择“函数”，即可产生函数过程的框架。

通常，由系统自动产生的函数过程框架还需要适当修改。由于函数过程有返回值，这个值应该属于某种数据类型，因此，还需要在过程名后面加上对其返回值类型的定义和说明。

（2）通过在代码窗口输入来定义函数

语法格式为：

```
[ Private | Public ][ Static ] Function〈函数名〉([ 形参表 ]) [ As 类型 ]
  [ 语句组 ]
  [〈函数名〉=〈表达式〉]
  [ Exit Function ]
  [ 语句组 ]
  [〈函数名〉=〈表达式〉]
End Function
```

说明：

① 〈表达式〉的值是函数返回的结果。在语法中通过赋值语句将值赋给〈函数名〉，该值就是 Function 过程返回的值。

② 如果在 Function 过程中省略“〈函数名〉=〈表达式〉”，则该过程返回一个默认

值：数值函数过程返回 0，字符串函数过程返回空字符串。因此，为了能使一个 Function 过程完成所指定的操作，通常要在过程中为〈函数名〉赋值。

2. 调用 Function 函数过程

（1）直接调用

函数过程的调用很简单，与使用 VB 内部函数一样，可以在表达式中直接写上它的名字。

（2）用 Call 语句调用

与调用通用 Sub 过程一样调用函数过程。

1.6.3　过程调用时的数据传递

1. 形式参数与实际参数

在 VB 中，根据参数所在的过程，将参数分为形式参数和实际参数。

形式参数是在子过程和函数过程的定义中出现的变量名；实际参数则是在调用子过程和函数过程时，传送给子过程和函数过程的常数、变量、表达式或数组。

在 VB 中，通常把形式参数叫作“形参”，把实际参数叫作“实参”。

形式参数与实际参数的对应关系为：

实参

调用过程：Call ts(50 ,　avrg() ,　"hello"　a,　b,)

↓　↓　↓　↓　↓

定义过程：Sub ts(n As Integer, a() As Single,b As rectype, c As String, d As Single)

形参

说明：

① 在定义过程时，形参为实参保留位置。在调用过程时，实参被插入形参中的各变量处，第一个形参接收第一个实参的值，第二个形参接收第二个实参的值……

② 〈实参表〉和〈形参表〉中对应的变量名不必相同，但是变量的个数必须相等，且各实参的书写顺序必须与相应形参的类型相符。

2. 按值传递

如果调用语句中的实际参数是常量或表达式，或者定义过程时选用 ByVal 关键字，就可以按值传递参数。

当要求变量按值传送时，可以用下面的方法。

① 把变量变成一个表达式。把变量转换成表达式的最简单的方法就是把变量用括号括起来，把它变为一个表达式，如“(a)”。

② 定义过程时用 ByVal 关键字指出参数是按值来传递的，例如：

```
Sub PostAc( ByVal x As Integer )
  x = x + 2
End Sub
```

这里的形参 x 前有关键字 ByVal，调用时以传值方式传送实参。在传值方式下，VB 为形参分配内存空间，并将相应的实参值复制给各形参。

3. 按地址传递

如果调用语句中的实际参数为变量，或者定义过程时选用 ByRefl 关键字，就可以按地址传递。

传址就是让过程根据变量的内存地址去访问实际变量的内容，即形参与实参使用相同的内存地址单元，这样通过子过程就可以改变变量本身的值。

1.6.4 变量的作用域

变量的作用域指变量的作用范围，根据变量的定义位置和使用的变量定义语句的不同，变量可以分为 3 类，即局部变量、模块变量和全局变量。

1. 局部变量

在过程（事件过程或通用过程）内定义的变量，其作用域是它所在的过程，通常用来存放中间结果或用作临时变量。

2. 模块变量

包括窗体变量和标准模块变量。

窗体变量可用于该窗体内的所有过程，使用前必须先声明，也就是说，窗体变量不能默认声明。

3. 全局变量

全局变量也称全程变量，其作用域最大，可在工程的每个模块、每个过程中使用。

与模块变量类似，全局变量也在标准模块的声明部分声明，不同的是全局变量必须用 Public 或 Global 语句声明，不能用 Dim 语句声明，更不能用 Private 声明。全局变量只能在标准模块中声明，不能在过程或窗体模块中声明。

1.6.5 多窗体工程

一个工程文件中可以有多个窗体。

打开“工程”菜单，执行“添加窗体”命令，在打开的“添加窗体”对话框中，选择“新建”选项卡中的“窗体”后单击“打开”按钮，将创建一个新窗体。

在多窗体工程中，VB 运行时指定为启动窗体的可以是其中一个窗体或是标准模块中创建一个名为 Main 的子过程。

在默认情况下，应用程序中的第一个窗体被指定为启动窗体。如果想在应用程序启动时显示别的窗体，那么就得改变启动窗体。

1.7 文件操作

考试要点：

(1) 掌握文件的基本概念：文件的存取方式、文件的类型、文件的基本操作步骤（打开、读/写及关闭）；

(2) 了解基本文件操作控件：驱动器列表控件、文件夹列表控件及文件列表控件；

(3) 掌握常用文件操作语句（Open、Close、Seek）及文件操作函数（Eof、Seek）及顺序文件的打开、读/写及关闭；

(4) 了解常用文件操作语句(Lock、Unlock)、文件操作函数(FileAttr、FireLen、FreeFile、Lof、Loc)，以及随机文件及二进制文件的打开、读/写及关闭。

重点：

(1) 文件的存取方式、文件类型、文件的基本操作步骤；

(2) 常用文件操作语句（Open、Close、Seek）、文件操作函数（Eof、Seek）、顺序文件的打开、读/写及关闭。

难点：

(1) 常用文件操作语句（Open、Close、Seek）；

(2) 顺序文件的打开、读/写及关闭。

1.7.1 文件的基本概念

记录：计算机处理数据的基本单位，由若干个相互关联的数据项组成，相当于表格中的一行。

文件：记录的集合，相当于一张表。

文件类型：顺序文件、随机文件、二进制文件。

访问模式：在 VB 中，计算机访问文件的模式有顺序、随机、二进制 3 种。

1.7.2 文件操作控件

1. 驱动器列表框

(1) 驱动器列表框的外观

在程序执行期间，单击驱动器列表框下拉按钮，可以显示系统所拥有的驱动器名称。

一般情况下，只显示当前的磁盘驱动器名称。如果单击列表框右端向下的箭头，则把计算机所有的驱动器名称全部显示出来，单击某个驱动器，即可把它变为当前驱动器。

（2）Drive 属性

Drive 属性只能用程序代码设置，不能通过属性窗口设置。其语法格式为：

```
[驱动器列表框名称].Drive[=驱动器名]
```

说明：

①“驱动器名”是指定的驱动器，如果省略，则 Drive 属性是当前驱动器。

② 每次重新设置驱动器列表框的 Drive 属性时，都将引发 Change 事件。驱动器列表框的默认名称为 Drive1，其 Change 事件过程的开头为：

```
Private Sub Drive1_Change()
```

2. 文件夹列表控件

（1）文件夹列表控件的外观

文件夹列表控件显示当前驱动器上的目录结构及当前目录下的所有子目录，供用户选择其中的某个目录作为当前目录。刚建立时显示当前驱动器的顶层目录和当前目录。顶层目录用打开的文件夹表示，当前目录用加阴影的文件夹表示，当前目录下的子目录用合着的文件夹表示。

（2）设置路径属性 Path

Path 属性适用于目录列表框和文件列表框，用来设置或返回当前驱动器的路径。Path 属性在设计模式下不可用。其语法格式为：

```
[窗体.]目录列表框.|文件列表框. Path [ = "路径" ]
```

说明："窗体"是目录列表框所在窗体。若省略，则为当前窗体；若省略[= "路径"]，则显示当前路径。如：

```
Print Dir1.Path                    ' 显示当前路径
Dir1.Path = "c:\windows"           ' 将当前目录设为 c:\windows
```

其中，Dir1 是目录列表框的默认控件名。

（3）驱动器列表框与文件夹列表控件的同步效果

驱动器列表框与文件夹列表控件有着密切的关系。在一般情况下，改变驱动器列表框中的驱动器名后，文件夹列表控件中的目录应随之变为该驱动器上的目录，也就是使驱动器列表框和目录列表框产生同步效果。

```
Dir1.Path = Drive1.Drive                ' 将选取的驱动器设为当前工作目录
```

3. 文件列表控件

用驱动器列表框和目录列表框可以指定当前驱动器和当前目录，而文件列表框可以用来显示当前目录下的文件（可以通过 Path 属性改变）。

（1）与文件列表控件有关的属性

文件列表控件的默认控件名是 File1。与文件列表控件有关的属性较多，其主要属性为：

- FileName：返回或设置所选文件的路径和文件名，设计时不可用。
- Multiselect：是否允许用户选择多个文件。值为 True 时，表示允许；值为 False，表示不允许。
- Pattern：设定允许显示文件名的文件类型，如*.exe，*.com，默认值为*.*。
- Archive：是否可以显示 Archive 属性的文件。
- Hidden：是否可以显示 Hidden 属性的文件。
- Normal：是否可以显示 Normal 属性的文件。
- ReadOnly：是否可以显示 ReadOnly 属性的文件。
- System：是否可以显示 System 属性的文件。

（2）文件列表控件能够接收 DblClick（双击）事件

利用这一功能，可以执行文件列表框中的某个可执行文件。也就是说，只要双击文件列表框中的某个可执行文件，就能执行该文件。

1.7.3　顺序文件的操作

顺序访问模式的规则最简单，指读出或写入时，从第一条记录“顺序”地读到最后一条记录，不可以跳跃式访问。该模式专门用于处理文本文件，每一行文本相当于一条记录，每条记录可长可短，记录与记录之间用“换行符”来分隔。

顺序文件的写入步骤：打开、写入、关闭。

读出步骤：打开、读出、关闭。

1. 打开文件

打开文件的命令是 Open，语法格式为：

```
Open“文件名” For 模式  As [#] 文件号 [Len=记录长度]
```

说明：

① 文件名可以是字符串常量，也可以是字符串变量。

② 模式可以是下面之一：

- Output：打开一个文件，将对该文件进行写操作。
- Input：打开一个文件，将对该文件进行读操作。
- Append：打开一个文件，将在该文件末尾追加记录。

③ 文件号是一个介于 1～511 之间的整数，打开一个文件时需要指定一个文件号，这个文件号就代表该文件，直到文件关闭后这个号才可以被其他文件所使用。可以利用 FreeFile( )函数获得下一个可以利用的文件号。例如：

```
Open "D:\sj\aaa" For Output As #1          '打开 D:\sj 下 aaa 文件供写入数据，文件号为#1
```

2. 写操作

将数据写入磁盘文件所用的命令是 Print#或 Write#。

- Print#命令的语法格式为：

Print #文件号,[输出列表]

例如：

```
Open "D:\SJ\TEST.DAT" For Output As #1
Print #1,Text1.Text              ' 把文本框的内容一次性写入文件
Close #1
```

➢ Write#命令的语法格式为：

Write #文件号,[输出列表]

其中，"输出列表"一般指用逗号分隔的数值或字符串表达式。Write #与 Print #的功能基本相同，不同的是：Write #是以紧凑格式存放，在数据间插入逗号，并给字符串加上双引号。

3. 关闭文件

结束各种读写操作后，必须将文件关闭，否则会造成数据丢失。关闭文件的命令是 Close。

Close 命令的语法格式为：

Close [#]文件号[,[#]文件号]……

例如：

```
Close #1,#2,#3
```

4. 读操作

（1）格式一

Input #文件号,变量列表

用于将从文件中读出的数据分别赋给指定的变量。

注意：其与 Write #配套才可以准确地读出。

（2）格式二

Line Input #文件号,字符串变量

用于从文件中读出一行数据，并将读出的数据赋给指定的字符串变量，读出的数据中不包含回车符和换行符，可与 Print #配套用。

（3）格式三

Input$(读取的字符数,#文件号)

该函数可以读取指定数目的字符。

1.7.4 随机文件访问模式

该模式要求文件中的每条记录的长度都是相同的，记录与记录之间不需要特殊的分隔符号。只要给出记录号，可以直接访问某一特定记录，其优点是存取速度快，更新容易。

1. 打开与关闭

打开：

```
Open"文件名" For Random As [#] 文件号 [Len=记录长度]
```

关闭：

```
Close #文件号
```

注意：

文件以随机方式打开后，可以同时进行写入和读出操作，但需要指明记录的长度，系统默认长度为 128 个字节。

2. 读操作

```
Get [#]文件号,[记录号],变量名
```

Get 命令是从磁盘文件中将一条由记录号指定的记录内容读入记录变量中；记录号是大于 1 的整数，表示对第几条记录进行操作，如果忽略不写，则表示当前记录的下一条记录。

3. 写操作

```
Put [#]文件号,[记录号],变量名
```

Put 命令是将一个记录变量的内容，写入所打开的磁盘文件指定的记录位置；记录号是大于 1 的整数，表示写入的是第几条记录，如果忽略不写，则表示在当前记录后插入一条记录。

1.7.5 二进制文件访问模式

该模式是最原始的文件类型，直接把二进制码存放在文件中，没有什么格式，以字节数来定位数据，允许程序按所需的任何方式组织和访问数据，也允许对文件中各字节数据进行存取和访问。

打开：

```
Open 文件名 For Binary As [#] 文件号 [Len=记录长度]
```

关闭：

```
Close #文件号
```

该模式与随机模式类似，其读写语句也是 Get 和 Put，区别是二进制模式的访问单位是字节，随机模式的访问单位是记录。在此模式中，可以把文件指针移到文件的任何地方，刚开始打开时，文件指针指向第一个字节，以后随文件处理命令的执行而执行。文件一旦打开，就可以同时进行读写。

1.7.6 常用文件操作语句及文件操作函数

1. 文件操作语句

Open 语句：打开文件。
Close 语句：关闭（I/O）文件。
Seek 语句：设置下一个读/写操作的位置。
Lock 语句：锁定文件记录。
Unlock 语句：解锁文件记录。

2. 文件操作函数

Eof(文件号)：检查指针是否到达文件尾。
Seek(文件号)：返回当前文件指针的位置。
FileAttr(filenumber, returntype)：返回一个已打开文件的文件模式及文件句柄。
FileLen(文件号)：返回文件的长度，单位是字节。
FreeFile()：取得一个未使用的文件号。
Lof(文件号)：返回某文件的字节数。
Loc(文件号)：返回指定文件的当前读写位置。

1.8 图形处理及多媒体应用

考试要点：

（1）了解常用鼠标事件和方法（MouseDown、MouseUp、MouseMove）。
（2）了解数据输出的格式化处理（Format 函数）。
（3）了解图形控件 Line、Shape 的使用及多媒体处理。

重点：

（1）鼠标事件（MouseDown、MouseUp、MouseMove）。
（2）数据输出的格式化处理（Format 函数）。

难点：

（1）鼠标事件（MouseDown、MouseUp、MouseMove）。
（2）数据输出的 Format 函数。

1.8.1 常用鼠标事件

1. 鼠标事件

按下鼠标键时，将触发 MouseDown 事件；松开鼠标键时，将触发 MouseUp 事件；移动鼠标光标时，将触发 MouseMove 事件。

2. 鼠标拖放方法

按下鼠标键不松开，然后移动鼠标，对象将随鼠标的移动而在屏幕上拖动，松开鼠标键后对象即被放下。与拖放有关的方法有 Move 和 Drag。

1.8.2 数据输出的格式化处理

用格式输出函数 Format()可以使数值、日期或字符型数据按指定的格式输出。语法格式为：

```
Format（〈表达式〉，〈格式字符串〉）
```

说明：

〈格式字符串〉是一个字符串常量或变量，由专门的格式说明字符组成。这些说明字符决定了数据项〈表达式〉的显示格式和长度。

格式说明字符按照类型可以分为数值型说明符、日期型说明符和字符型说明符。

1. 常用的数值型格式说明字符

#：数字占位符。显示一位数字或什么都不显示。如果表达式在格式字符串中#的位置上有数字存在，那么就显示出来；否则，该位置就什么都不显示。例如：

```
Format(123.45, "####.###")          返回：123.45
```

.：小数点占位符。

%：百分比符号占位符。表达式乘以 100。而百分比字符（%）会插入到格式字符串中出现的位置上。例如：

```
Format(0.12345, "0.00%")          返回：12.35%
```

2. 常用的时间日期型格式说明字符

dddddd：以完整日期表示法显示日期系列数（包括年、月、日）。例如：

```
Format(Date, "dddddd")          返回：2018 年 2 月 18 日
```

yyyy：以四位数来表示年。例如：

```
Format(Date, "yyyy")          返回：2018
```

ttttt：以完整时间表示法显示（包括时、分、秒），用系统识别的时间格式定义的时

间分隔符进行格式化。默认的时间格式为 h:mm:ss。例如：

```
Format(Time, "ttttt")            返回：22:17:08
```

AM/PM：在中午前以 12 小时配合大写 AM 符号来使用；在中午和 11:59P.M.间以 12 小时配合大写 PM 来使用。例如：

```
Format(Time, "ttttAM/PM")        返回：10:17:08PM
```

3. 常用的字符型格式说明字符

@：字符占位符。显示字符或是空白。如果字符串在格式字符串中@的位置有字符存在，那么就显示出来；否则，就在那个位置上显示空白。除非有惊叹号字符（!）在格式字符串中，否则字符占位符将由右而左被填充。例如：

```
Format("ABab", "@@@@@@")         返回："  ABab"
```

&：字符占位符。显示字符或什么都不显示。如果字符串在格式字符串中和号（&）的位置有字符存在，那么就显示出来；否则，就什么都不显示。除非有惊叹号字符（!）在格式字符串中，否则字符占位符将由右而左被填充。例如：

```
Format("ABab", "&&&&&&")         返回："ABab"
```

!：强制由左而右填充字符占位符。默认值是由右而左填充字符占位符。例如：

```
Format("ABab", "!@@@@@@")        返回："ABab  "
```

1.8.3 图形控件

1. Shape 控件

Shape 控件预定义了 6 种形状，通过设置 Shape 属性值来实现所需的形状，见表 1-4。

表 1-4 Shape 属性值

属性值	常 数	说 明
0	VbShapeRectangle	（默认值）矩形
1	VbShapeSquare	正方形
2	VbShapeOval	椭圆形
3	VbShapeCircle	圆形
4	VbShapeRoundedRectangle	圆角矩形
5	VbShapeRoundedSquare	圆角正方形

如图 1-1 所示为用 Shape 控件画图，当 Shape 属性分别为 0、1～5 时的效果。

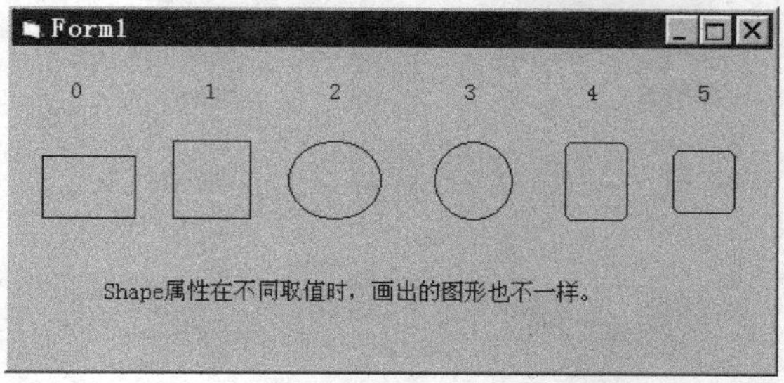

图 1-1　用 Shape 控件画出的图形

用 Shape 控件画出的图形，还可以调整其大小，设置其颜色、边框样式、边框宽度等。表 1-5 列出了 Shape 控件的常用属性。

表 1-5　Shape 控件的常用属性

属　性	说　明	属　性	说　明
BorderColor	边框色	BorderWidth	边框宽度
FillColor	填充色	FillStyle	填充样式
BorderStyle	边框样式	DrawMode	画图模式

2. Line 控件

Line 控件用于在窗体、图片框和框架中画各种直线段，既可以在设计时通过设置线的端点坐标属性来画出直线，也可以在程序运行时动态地改变直线的各种属性。

在设计时，可以使用 Line 控件在窗体上可视化地安排直线的位置、长度、颜色、宽度、实虚线等属性。运行时不能使用 Move 方法移动 Line 控件，但是可以通过改变 X1、X2、Y1 和 Y2 属性来移动它或者调整它的大小。

第 2 部分

典型试题解析

2.1 选择题

1. 关于 VB“方法”的概念错误的是（　　）。

A）方法是对象的一部分　　B）方法是预先定义好的操作

C）方法是对事件的响应　　D）方法用于完成某些特定的功能

【解答】 正确答案为 C。

分析：对象是属性、方法和事件的集成，所以选项 A 正确；例如 Print 方法用来输出字符串、变量和表达式的值，也就是完成输出的这一功能，所以选项 D 的说法正确；在执行方法时，不必考虑实现输出的具体步骤，方法的步骤是系统预先规定好的，所以选项 B 说法正确。

2. VB 程序设计采用的编程机制是（　　）。

A）可视化　　B）面向对象

C）事件驱动　　D）过程结构化

【解答】 正确答案为 C。

分析：可视化是一种程序设计技术，它把繁锁、复杂的工作交由系统完成，从而减轻程序设计人员编写代码的工作量。面向对象是一种程序设计方法，这种方法将数据和代码封装起来而成为对象；事件驱动是一种编程机制，它由事件驱动程序调用通用过程来执行指定的操作；过程结构化则是传统的“面向过程”程序设计语言的编程思想。

3. 一个工程必须包含的文件类型是（　　）。

A）*.vbp、*.frm、*.frx　　B）*.vbp、*.cls、*.bas

C）*.bas、*.ocx、*/res　　D）*.frm、*.cls、*.bas

【解答】 正确答案为 A。

分析：一个工程中可以包含 7 类文件，其中工程文件、窗体文件和窗体的二进制数据文件是一个工程不可缺少的文件，这 7 类文件的扩展名及含义分别是：

.vbp 是 Visual Basic Project 的缩写，表示工程文件；

.frm 是 Form 的缩写，表示窗体文件；

.frx 是窗体的二进制数据文件；

.cls 是 class 的缩写，表示类模块文件；

.bas 是 Basic 的缩写，表示标准模块文件；

.ocx 表示 ActiveX 控件文件；

.res 是 resource 的缩写，表示资源文件。

4. 新建一个窗体，其 BorderStyle 属性设置为 Fixed Single，但运行时却没有最大化和最小化按钮，可能的原因是（　）。

A）BorderStyle 的值设为 Fixed.Single，此项设置值的作用为禁止最大化和最小化按钮

B）窗体的 MaxButton 和 MinButton 值设为 False

C）正常情况下新建的窗体都没有最大化和最小化按钮

D）该窗体可用鼠标拖动边框的方法改变窗体的大小

【解答】正确答案为 B。

分析：如果窗体的 BorderStyle 属性设置为 Fixed. Single，则窗体为固定单边框，可以包含控制菜单框、标题栏、最大化和最小化按钮，但要注意的是：如果窗口的 MaxButton 和 MinButton 属性设置为 True，则可以使用，运行时显示最大化和最小化按钮；如果设置为 Flase，则运行时不显示。

5. 以下各项中可以作为 VB 变量名的是（　）。

A）Book　　B）2_Seek　　C）123.58　　D）Book-1

【解答】正确答案为 A。

分析：在 VB 中，可以用名字来表示内存的位置，以便访问内存中的数据。有关变量命名的规则如下：

名字只能由字母、数字和下画线组成；

名字的第一个字符必须是英文字母，最后一个字符可以是类型说明符；

名字的有效字符为 255 个；

不能用 VB 的保留字作变量名，但可以把保留字嵌入变量名中；同时变量名也不能是末尾带有类型说明符的保留字，例如变量 Print 和 Print$是非法的，而变量 Print_Number 是合法的。

根据变量命名规则，选项 B 开头第一个字符是数字，为非法；选项 C 变量名开头第一个字符是数字，为非法；选项 D 中包含非法字符“-”；所以只有选项 A 是正确的。

6. 表达式 2 *3^2 + 2 * 8 / 4 + 3^2 的值为（　）。

A）64　　B）31　　C）49　　D）22

【解答】正确答案为 B。

分析：根据运算符的优先级，计算方法如下：

2 * 3^2 + 2 * 8 / 4 + 3^2

= 2 * 9 + 16 / 4 + 9

= 18 + 4 + 9 = 31

7. 函数 Int(Rnd(0)*10)是在（ ）范围内的整数。

A）(0,1)　　B）(1,10)　　C）(0,9)　　D）(1,9)

【解答】正确答案为C。

分析：函数 Rnd(0)是 0～1 的数，因此 Int(Rnd(0) * 10)的值是 0～9 的整数。

8. 表达式 3^2 Mod 14 \ 2^3 的值是（ ）。

A）1　　B）0　　C）2　　D）3

【解答】正确答案为B。

分析：在做本题之前要先了解各种运算符的优先级，只有了解了之后才能做对。幂运算符（^）优先级最高，其次是取负、乘、浮点除、整除、取模、加减、字符串连接等运算符。其中，乘和浮点除运算符是同级别的运算符，加和减运算符是同级运算符。此外，如果表达式中有括号，则先计算括号内的表达式的值。运算后本题的结果是 0。

9. 在 VB 中，下列两个变量名相同的是（ ）。

A）Japan 和 Ja_pan　　B）English 和 ENGLish

C）English 和 Engl　　D）China 和 Chin

【解答】正确答案为B。

分析：在 VB 中，组成变量名的英文字母不区分大小写，如 SINGLE 和 Single 是一样的，在定义了一个变量之后，只要字符相同，不管是大写还是小写，指的都是同一个变量。

10. 在下列符号常量的声明中，不合法的是（ ）。

A）Const a As Single = 1.1　　B）Const a ="OK"

C）Const a As Double = Sin(1)　　D）Const a As Integer ="12"

【解答】正确答案为C。

分析：在用 Const 定义符号常量时，语法格式是：

Const 常量名=表达式［,常量名=表达式］……,

其中常量名可以用类型说明符，需要注意的是："表达式"中不能使用字符串连接运算符、变量及用户定义的函数或者内部函数。

11. 在 VB 中，要将一个窗体加载到内存进行预处理但不显示时，应使用的语句是（ ）。

A）Load　　B）Show　　C）Hide　　D）Unload

【解答】正确答案为A。

分析：此题考查有关 Load 语句、Unload 语句、Show 方法和 Hide 方法。Load 语句把一个窗体装入内存，执行 Load 语句后，可以引用窗体中的控件及各种属性，但此时窗体没有显示出来，"窗体名称"

是窗体的 Name 属性；Unload 语句与 Load 语句的功能相反，它清除内存中指定的窗体；Show 方法用来显示一个窗体，如果省略“窗体名称”，则显示当前窗体；Hide 方法使窗体隐藏，即不在屏幕上显示，但仍在内存中。因此，它与 Unload 语句的作用是不同的。

12. 对下列程序段，说法正确的是（　　）。

Text1.Top=2000:Text1.Left=800

A）Text 对象的左边界距窗体的左边界 800twip，上边界距窗体的上边界 2000twip

B）Text1 对象的左边界距屏幕的左边界 800twip，上边界距屏幕的上边界 2000twip

C）Text1 对象的宽度为 2000twip，高度为 800twip

D）Text1 对象的高度为 800 点，宽度为 2000 点

【解答】正确答案为 A。

分析：如果对象为窗体，Left 指的是窗体的左边界与屏幕的左边界的相对距离，Top 指的是窗体的顶边与屏幕的顶边的相对距离；而当对象为控件时，Left 指的是控件的左边距窗体的左边的相对距离，Top 指的是控件的顶边与窗体的顶边的相对距离。另外 Top 和 Left 属性值的单位为 twip，是 1 点的二十分之一，Height 和 Width 是指定对象的高度和宽度的属性，所以只有选项 A 正确。

13. 在运行程序时，在文本框中输入新的内容，或在程序代码中改变 Text 的属性值，相应会触发到（　　）事件。

A）GotFocus　　B）Click　　C）Change　　D）DblClick

【解答】正确答案为 C。

分析：在本题的四个选项中，GotFocus 设置焦点事件，不合题意；Click 是单击事件，不合题意；DblClick 是双击事件，也不合题意；Change 是改变文本框内容事件，只要文本框中的内容改变就会触发，故选项 C 是本题的答案。

14. 在属性窗口中设置（　　）属性，可以把指定的图形放入当前对象中。

A）CurrentY　　B）Picture　　C）CurrentX　　D）Stretch

【解答】正确答案为 B。

分析：打开对象的属性列表，从中选择 Picture 属性栏，单击后面的“…”，弹出“加载图片”对话框，用户选择相应的路径和文件名，图形就显示在当前对象中了，可见选项 B 是正确的。而 CurrentY 和 CurrentX 用来设置光标的当前位置，Stretch 决定图像是否可以伸缩。

15. 要将名为 MyForm 的窗体显示出来，正确的使用方法是（　　）。

A）MyForm.Show　　B）Show.MyForm

C）MyForm Load　　D）MyForm Show

【解答】正确答案为 A。

分析：在 VB 中，方法和语句的书写格式不同。

方法的格式为：对象.方法

语句的格式为：语句　对象名

使用方法要先写对象名，要用“.”运算符；使用语句要先写语句，语句后要空一格后再写对象名。

16. 下列程序段的执行结果为（　　）。

```
X=2
Y=5
If X * Y <1 Then Y=Y-1 Else Y=-1
Print Y - X>0
```

A）True　　B）False　　C）-1　　D）1

【解答】正确答案为 B。

分析：Print 方法具有计算和输出双重功能，对于表达式，它先计算后输出，此题中经过第一步的条件语句后，Y 的数值为-1，则 Y-X 的值为-3，小于 0，所以 Y-X>0 为逻辑假，故输出结果应该为 False。

17. 下列语句中正确的是（　　）。

A）If　A ≠B　Then　Print　"A 不等于 B"

B）If　A<>B　Then　Printf　"A 不等于 B"

C）If　A<>B　Then　Print　"A 不等于 B"

D）If　A ≠B　Print　"A 不等于 B"

【解答】正确答案为 C。

分析：题中的条件语句都属于条件语句中“If 条件 Then 语句”的类型，从选项中可以看出，条件语句是 A 与 B 的比较语句，其值就是此条件语句的值，也就是说，只有当其值为真时，执行 Then 语句。选项 A 和 D 中的“≠”符号并非比较运算符，所以不正确；选项 B 中的 Printf 并非 Visual Basic 中的输出方法，所以不正确，只有选项 C 是正确的。

18. 在窗体上画一个名称为 Timer1 的计时器控件，要求每隔 0.5s 发生一次计时器事件，则以下正确的属性设置语句是（　　）。

A）Timer1.Interval=0.5　　B）Timer1.Interval=5

C）Timer1.Interval=50　　D）Timer1.Interval=500

【解答】正确答案为 D。

分析：计时器控件的 Interval 属性用来指定计时器事件之间的毫秒（ms）数，1s=1000ms 本题要求每隔 0.5s 发生一次，所以其值为 500，正确答案为选项 D。

19. 新建一个列表框，要实现对列表项可以复选，应设置的属性是（　　）。

A）ScrollBars　　B）MultiSelect

C）DataField　　D）Stretch

【解答】正确答案为 B。

分析：在列表框的属性中，可以通过设置 MultiSelect 属性来实现是否可以进行列表项的多选，属性值为 0 时，不可以多选；属性值为 1 时，不需要用 Ctrl 键或者 Shift 键就可进行多选；属性值为 2 时，要利用 Ctrl 键或 Shift 键才可多选，所以选项 B 是正确的。而选项 A 是设置滚动条的，与此无关；选项 C 中 DataField 是用来设置数据的，也无关；选项 D 中 Strech 不是列表框的属性，所以也不正确。

20. 下列语句中，返回列表框 List1 中项目个数的语句是（　　）。

A）x=List1.ListCount　　B）x=ListCount

C）x=List1.ListIndex　　D）x=ListIndex

【解答】正确答案为 A。

分析：List 控件的 ListCount 属性返回列表框中项目的个数。

21. 下面程序段的运行结果是（　　）。

```
a=1
b=1
Do
  a=a+1
  b=b+1
Loop Until b>5
Print″ k=″ ;a;Spc(4);″ b=″ ;b+a
```

A）k=7 b=14　　B）k=6 b=6　　C）k=4 b=8　　D）k=6 b=12

【解答】正确答案为 D。

分析：本题中 Do…Loop Until 循环为直到型循环结构，直到条件 b>5 为止，此时 a=6，b=6，所以最后输出的结果是选项 D。

22. 下列程序段的执行结果为（　　）。

```
a=6
b=1
For I=1 To 3
  f=a+b
  a=b
```

```
        b=f
        Print f;
    Next I
```

A）2 3 6　　B）2 3 5　　C）2 3 4　　D）2 2 8

【解答】正确答案为B。

分析：本程序段的运行过程为：

开始 a=1，b=1，For 循环中步长默认值为 1，循环变量 I 的初值为 1，终值为 3，所以此循环结构可以循环 3 次。

第一次循环后，结果为 f=2，a=1，b=2

第二次循环后，结果为 f=3，a=2，b=3

第三次循环后，结果为 f=5，a=3，b=5

每循环一次，输出 f 当前值，循环 3 次即输出 3 个 f 值，分别为 2，3，5。

23. 设有如下声明语句，则数组 b 中全部元素的个数为（　　）。

```
Dim b(-1 To 10,2 To9,20 ) As Integer
```

A）2310　　B）2016　　C）1500　　D）1658

【解答】正确答案为B。

分析：在本题中，Dim b(-1 To 10,2 To 9,20)As Integer 定义了一个三维数组，如果没有指定下界，默认值是 0，所以计算数组中的个数为(10-(-1)+1)×(9-2+1)×(20-0+1)= 12×8×21 =2016，所以选项 B 是正确答案。

24. 在窗体上画一个名称为 Label1 的标签，然后编写如下事件过程。

```
Private Sub Form_Click()
        Dim arr(10,10) As Integer
        Dim i As Integer , j As Integer
        For i=2 To 4
            For j=2 To 4
                arr(i,j)=i*j
            Next j
        Next i
        Label1.Caption=Str(arr(2,2)+arr(3,3))
    End Sub
```

程序运行后单击窗体，在标签中显示的内容是（　　）。

A）12　　　　B）13　　　　C）14　　　　D）15

【解答】正确答案为 B。

分析：本题具有一定的迷惑性，其实分析一下就可以知道 arr(i,j)的值为 i*j，所以 arr(2,2)+arr(3,3)的值就是 2*2+3*3=13。

25. 假定建立了一个名为 Command1 的命令按钮数组，则以下列说法中错误的是（　　）。

A）数组中每个命令按钮的名称（Name 属性）均为 Command1

B）数组中每个命令按钮的标题（Caption 属性）都一样

C）数组中所有命令按钮可以使用同一个事件过程

D）用名称 Command1（下标）可以访问数组中的每个命令按钮

【解答】正确答案为 B。

分析：控件数组是由一组相同类型的控件组成，它们共用一个控件名，具有相同的属性，但它们的按钮标题不一样，当建立控件数组时，系统给每个元素赋一个唯一的索引号（Index），通过该索引号可以访问控件数组中的每个命令按钮。

26. 下列叙述中，正确的是（　　）。

A）控件数组的每一个成员的 Caption 属性值都必须相同

B）控件数组的每一个成员的 Index 属性值都必须不相同

C）控件数组的每一个成员都执行不同的事件过程

D）对已经建立的多个类型相同的控件来说，这些控件不能组成控件数组

【解答】正确答案为 B。

分析：控件的 Name 属性是用来标识控件的，对几个相同类型的控件来说，若 Name 属性相同，说明它们是同一个控件，但实际上是几个控件，由此引出控件数组，所以控件数组的每一个成员的 Name 属性值必须相同，而 Caption 属性值可以不同；Index（索引）属性值是用来区别控件数组的，当然取值必须不同；Visual Basic 中控件数组都执行同样的事件过程；对已经建立的多个类型相同的控件来说，可以通过修改控件的 Name 属性，使其都具有相同的 Name 属性值，这样这些控件就成为控件数组了。

27. 在 VB 工程中，可以作为“启动对象”的程序是（　　）。

A）任何窗体或标准模块

B）任何窗体或过程

C）Sub Main 过程或其他任何模块

D）Sub Main 过程或任何窗体

【解答】正确答案为 D。

分析：在 VB 中，除了可以指定某个窗体作为启动对象外，还可以指定 Main 子过程为启动对象，如果不指定启动窗体，则默认将工程中建立的第一个窗体作为启动窗体。

28. 以下关于变量作用域的叙述中，正确的是（　　）。

A）窗体中凡被声明为 Private 的变量只能在某个指定的过程中使用

B）全局变量必须在标准模块中声明

C）模块级变量只能用 Private 关键字声明

D）Static 类型变量的作用域是它所在的窗体或模块文件

【解答】 正确答案为 B。

分析：选项 A 中凡被声明为 Private 的变量能被本模块的其他过程使用，但不可以被其他模块使用；选项 C 所说的模块级变量可以使用 Dim 和 Private 关键字声明；Static 类型的作用域是它所在的过程。

29. 下列叙述中正确的是（　　）。

A）在窗体的 Form_Load 事件过程中定义的变量是全局变量

B）局部变量的作用域可以超出所定义的过程

C）在某个 Sub 过程中定义的局部变量可以与其他事件过程中定义的局部变量同名，但其作用域只限于该过程

D）在调用过程中，所有局部变量被系统初始化为 0 或空字符串

【解答】 正确答案为 C。

分析：模块变量包括窗体变量和标准模块变量，窗体变量可以作用于该窗体的所有过程。全局变量只能在标准模块中声明，不能在过程或窗体模块中声明。

在过程（事件过程或通用过程）内定义的变量叫做局部变量，其作用域是它所在的过程。某一过程的执行只对该过程内的变量产生作用，对其他过程中相同名字的局部变量没有任何影响。因此，在不同的过程中可以定义相同名字的变量，它们之间没有任何关系。如果需要，则可以通过“过程名.变量名”的形式分别引用不同过程中相同名字的变量。

在过程中的局部变量，如果过程定义使用了 Static，则过程中的局部变量就是 Static 型的，即在每次调用过程时，局部变量的值保持不变；如果省略 Static，则局部变量就默认为“自动”，即在每次调用过程时，局部变量都会被初始化为 0 或空字符串。

30. 当在滚动条内拖动滚动块时触发（　　）。

A）KeyUp 事件　　B）keyPress 事件　　C）Scroll 事件　　D）Change 事件

【解答】 正确答案为 C。

分析：本题考查的是滚动条事件的应用。在 VB 中，与滚动条有关的事件是 Scroll 和 Change 事件。当在滚动条内拖动滚动块时触发 Scroll 事件；改变滚动框的位置后，将触发 Change 事件。Scroll 事件用

于跟踪滚动条中的动态变化，Change 事件用于得到滚动条的最后的值。

31. 在下面的属性中，用于自动调整图像框中图形内容的大小的是（ ）。

A）Picture B）CurrentY C）CurrentX D）Stretch

【解答】正确答案为 D。

分析：Picture 属性用于窗体、图片框和图像框，它可以通过属性窗口设置，用来把图形放到这些对象中，因此选项 A 是不正确的；CurrentX 和 CurrentY 用来设置下一个输出的水平坐标和垂直坐标，因此选项 B 和 C 都不正确；Stretch 属性用于图像框，可自动调整图像框中图形内容的大小，既可通过属性窗口设置，也可以通过程序代码设置，该属性的取值为 True 或 False，当其值为 False 时，将自动放大或缩小图像框中的图形以适应图像框的大小，因此选项 D 是正确的。

32. 在窗体上建立通用对话框需要添加的控件是（ ）。

A）Data 控件 B）From 控件

C）CommonDialog 控件 D）VBComboBox 控件

【解答】正确答案为 C。

分析：通用对话框是一种 ActiveX 控件，它随同 VB 提供给程序设计人员。在一般情况下，启动 VB 后，在工具箱中没有通用对话框控件。为了把通用对话框添加到工具箱中，可以在“部件”对话框“控件”选项卡的控件列表框中选择“Microsoft Common Dialog Control6.0”。

33. 把窗体的 KeyPreview 属性设置为 True，然后编写如下事件过程。

```
Private Sub Form_KeyPress(KeyAscii As Integer)
  Dim ch As String
  ch=Chr(KeyAscii)
  KeyAscii=Asc(UCase(ch))
  Print Chr(KeyAscii+2)
End Sub
```

程序运行后，按键盘上的“A”键，则在窗体中显示的内容是（ ）。

A）A B）B C）C D）D

【解答】正确答案为 C。

分析：字符及其 ASCII 码之间转换时，需要注意的是：UCase(ch)是将字符转化为其相应的大写，Asc()是取字符的 ASCII 码，Chr()是将 ASCII 码转化为相应的字符。

34. VB 根据计算机访问文件的方式将文件分成三类，其中不包括（ ）。

A）顺序文件 B）UNIX 文件 C）二进制文件 D）随机文件

【解答】正确答案为 B

分析：VB 访问文件的方式分为三类：Input/Output/Append（访问顺序文件）、Binary（访问二进制文件)、Random（访问随机文件)。如果未指定访问方式，则以 Random 方式打开文件。

35. 函数 Str$(256.36)的值是____。

【解答】正确答案为 256.36。

分析：Str$()函数的格式是 Str$(数值表达式)，作用是把“数值表达式”的值转换为一个字符串，表达式的值不受转换过程的影响。对于本题，在窗口中立即可看到输出的结果。

36. 表达式(7\2+1)*(8\2+2)的值为____。

【解答】正确答案为 24。

分析：在 VB 中，符号“\”为整数除法运算符，运算结果为整数值。如果操作数带有小数点，首先四舍五入为整型数或长整型数，然后再进行整除运算。通过运算，本题的结果为 24。

37. 下列语句的输出结果是____。

Print Format $ (1258.6,″000,000.00″)

【解答】正确答案为 001,258.60。

分析：Format $ ()为格式输出函数，语法格式为：

Format $ (数值表达式，″格式字符串″)

其功能是按“格式字符串”指定的格式输出“数值表达式”的值。如果省略了“格式字符串”，则把“数值表达式”的值转换为一个字符串原样输出；在本题中，1258.6 将按 000,000.00 的格式输出，即输出结果为 001,258.60。

2.2 判断题

1. 在调用方法时，对象名是不可缺少的。（　　）

【解答】错误。

分析：方法在调用时，可以省略对象名，但这只限于当前窗体（或控件)，如果不是当前窗体（或控件）时需要加上对象名称，所以是不正确的。

2. 在 VB 中，对于没有赋值的变量，系统默认值是 0。（　　）

【解答】错误。

分析：使用声明语句建立一个变量后，VB 自动将数值类型的变量赋初值 0，变长的字符串被初始化为一个零长度的字符串（"")，而定长的字符串则用空格填充。Variant 变量被初始化为 Empty，逻辑型的变量被初始化为 False。

3. 窗体文件的扩展名为.frm。（　　）

【解答】正确。

分析：保存工程时，通常将窗体文件保存为.frm 为扩展名的格式，窗体保存完后会自动弹出“工程另存为”对话框，扩展名为.vbp 的文件就是工程文件。

4. 单击窗体上的关闭按钮时，触发的事件是 Form_Click()。(　　)

【解答】错误。

分析：Form_Click 是单击窗体触发的事件；而 Unload 事件才是清除窗体（关闭窗体或执行 Unload 语句）时触发的事件。

5. 方法调用格式和对象属性的使用格式相同。(　　)

【解答】正确。

分析：在 VB 中对象方法的调用格式为：

[对象名].方法名　[参数名表]

与对象属性的使用格式相同。

6. 可以实现从键盘输入一个作为双精度变量 a 的值的语句是 a=InputBox(″请输入一个值″)。(　　)

【解答】错误。

分析：InputBox 函数的格式为：

〈变量〉= InputBox(〈信息内容〉[,〈对话框标题〉][,〈默认内容〉])

其中〈信息内容〉是一个字符串，用于提示用户输入，是在对话框中显示的信息，不可省略，Val(字符串)函数的功能是把自变量中的第一个字符串转换为数值，其中的数值是一个双精度的实数，所以正确答案应为 a=Val(InputBox(″请输入一个值″))。

7. 能够获得一个文本框中被选取文本的内容的属性是 Text。(　　)

【解答】错误。

分析：获得文本框中的文本需要用到 SelStart 属性（文本选取开始位置）、SelLength 属性（文本选取长度）和 SelText 属性（选取的文本内容）。

8. 菜单项的索引号必须从 1 开始。(　　)

【解答】错误。

分析：菜单项的索引号表示菜单数组中的位置序号，如果不定义菜单数组，可以不理会，其实菜单的索引号可以不连续，并不要求必须从 1 开始。

9. 利用控件数组可以实现菜单的增加或减少。(　　)

【解答】正确。

分析：增加或减少菜单除了可以使用菜单编辑器外，也可以利用控件数组在编码过程中实现。

10. 表达式 4=4 And 5>2+2 的值是 True。(　　)

【解答】正确。

分析：本题只需按照运算符的优先级进行运算，本题中先进行算数运算，再进行条件运算，最后进行逻辑运算。

2.3 填空题

1. 要将名为 MyForm 的窗体显示出来，应使用的方法是______。

【解答】 MyForm.Show。

分析：在 VB 中方法的格式为：对象.方法，使用时要先写对象名，要用到“.”运算符。

2. 如果要将窗体中的某个命令按钮设置成无效状态，应设置命令按钮的______属性。

【解答】 Enabled。

分析：在 VB 中，控制控件有效性的属性是 Enabled，其值设置为 True 时，则处于有效状态，设置为 False 时，则处于无效状态。

3. 当对象得到焦点时会触发______事件，当对象失去焦点时将触发______事件。

【解答】 GotFocus；LostFocus。

分析：在 VB 中，当对象得到焦点时，它可以接收用户的输入。当得到焦点时会触发 GotFocus 事件，当失去焦点时会触发 LostFocus 事件。

4. 在文本框中要使输入的所有字符显示为*号，应设置____属性为“*”。

【解答】 PasswordChar。

分析：PasswordChar 属性返回或设置一个值时，该值指示所输入的字符或占位符在 TextBox 控件中是否显示出来。在对话框中创建密码时应使用此属性，虽然输入密码时能够显示为任何字符，但是大多数基于 Windows 的应用程序都使用星号（*）。

5. 设有如下程序段：

```
A$="BeijingShanghai"  :  b$=Mid(a$,InStr(a$,"g")+1)
```

执行程序段后，变量 b$的值为______。

【解答】 Shanghai。

分析：Instr 函数的格式为：

Instr(［start,］ string1, string2 ［,compare］)

其作用是返回指定 string2 在 string1 中最早出现的位置。

Mid 函数的格式为：

Mid［$］(string,start［,length］)

其作用是返回字符串中从 start 位置开始，长 length 的子字符串。

因此变量 b 为 Shanghai。

6. 有下面一个程序段，从文本框中输入数据，如果该数据满足条件：除以 4 余 1，除以 5 余 2，则输出，否则，将焦点定位在文本框中，并清除文本框中的内容。

```
Private  Sub  Command1_Click()
  x=Val(Text1.Text)
  If ____(1)____ Then
    Print  x
  Else
    Text1.Text=""
      ____(2)____
  End  If
End  Sub
```

【解答】

（1）x Mod 4 = 1 And x Mod 5 = 2；

（2）Text1.Setfoucs

分析：程序调用了 Val()函数从文本框中得到的数据。本题中先通过 Val()函数得到一个整数，进行条件判断，如果满足条件 x Mod 4 = 1 And x Mod 5 = 2 则输出 x，否则，将清空文本框，焦点落在文本框中。

7. 在窗体上画一个名称为 Command1 的命令按钮，然后编写如下事件过程。

```
Private Sub Command1_Click()
  Static x As Integer
  Cls
  For i=1 To 2
    y=y+x
    x=x+2
  Next
  Print x , y
End Sub
```

程序运行后，连续三次单击 Command1 按钮后，窗体上显示的是________。

【解答】12　18。

分析：注意此题中 x 被定义为 Static 类型的变量，因此每次单击按钮后其上次的值被保留下来，而变量 y 每次运算后重新归零，单击一次按钮后 x=4, y=2，单击两次按钮后 x=8, y=10，单击三次按钮后 x=12, y=18。

8. 改变驱动器列表框的 Drive 属性值将引发____事件。

【解答】Change。

分析：驱动器列表框的最常用的事件是 Change 事件，每次重新设置 Drive 属性都会引发该事件。

9. 当滚动条位于最左端或最上端时，Value 属性被设置为____。

【解答】Min。

分析：一般情况下，垂直滚动条的值从上向下递增，最上端代表最小值，最下端代表最大值；水平滚动条的值从左向右递增，最左端代表最小值，最右端代表最大值。因此当滚动条位于最左端或最下端时，Value 属性被设置为 Min。

10. 为了在运行时把 d:\\pic 文件夹下的图形文件 a.jpg 装入图片框 Picture1，所使用的语句为____。

【解答】Picture1.Picture=LoadPicture("d:\\pic\\a.jpg")。

或 Pixture1=LoadPicture("d:\\pic\\a.jpg")

分析：LoadPicture 函数的功能与 Pricture 属性基本相同，即用来把图形文件装入窗体、图片或图像框，其一般格式为：

[对象.] Pricture=LoadPicture("文件名")

11. 在菜单编辑器中建立了一个菜单，名为 pmenu，用下面的语句可以把它作为弹出式菜单弹出，请填空。

Form1._____ pmenu

【解答】PopupMenu。

分析：Form1.PopupMenu pmenu 可以弹出菜单。

12. 菜单编辑器可分为 3 个部分，即数据区、____和菜单项显示区。

【解答】编辑区

分析：菜单编辑器的界面分为数据区、编辑区和菜单项显示区三个部分：数据区用来确定菜单的名称、索引和标题等信息；编辑区用来对当前的菜单项进行插入、删除等操作；显示区用来显示当前对菜单操作的结果，以便和自己的创建目标做比照。

13. 文件根据数据性质可分为程序文件和____文件。

【解答】数据。

分析：如果一个文件内存放的是程序数据，则该文件是程序文件；否则该文件内存放的就是供其他程序使用的数据，也就是数据文件。

14. 对随机文件数据存取是以____为单位进行操作的。

【解答】一个记录。

分析：从存储的角度看，顺序文件一般用来存放同类型或文本类型数据为宜。随机文件一般用来存放一组相关自定义类型的数据。每组自定义类型数据由不同类型的基本类型数据组成。这样一组自定义的类型数据构成了一个记录。一个记录用一个自定义变量名表示，称之为记录型变量。当向随机文件写入（读取）数据时，每次只可写入（读取）一个记录型变量，即写入（读取）一个记录。

15. 建立一个新的标准模块，应该选择____菜单下的“添加模块”命令。

【解答】“工程”。

分析：在 VB 中，建立一个新的标准模块应选择“工程”菜单→“添加模块”命令，弹出“添加模块”对话框，在“新建”选项卡下选择“模块”选项，然后单击“打开”按钮，打开标准模块代码窗口，在这个窗口中可以输入标准模块代码。

2.4　程序分析题

1. 分析下面的程序，分别单击命令按钮 Command1 和 Command2 后有什么作用。

```
Private Sub Text1_KeyUp(KeyCode As Integer, Shift As Integer)
  Text1.Tag = Text1.Text
End Sub
Private Sub Command1_Click( )
  Text1.Text = UCase(Text1.Tag)
End Sub
Private Sub Command2_Click( )
  Text1.Text = LCase(Text1.Tag)
End Sub
```

【解答】单击命令按钮 Command1 后将文本框中的字符转为大写字母，单击命令按钮 Command2 后将文本框中的字符转为小写字母。

分析：本题主要考察大小写转换函数 UCase( )和 LCase( )的使用，此外还用到了 KeyUp（键抬起）事件。

2. 下面是为计算铁路运费的程序。分析下面的程序代码，程序运行时，在 Text1 中输入 140，当单击 Command1 时，在 Text2 显示的值是______。

```
Private Sub Command1_Click( )
  Dim w As Single, x As Single
  w = Val(Text1.Text)
  If w <= 50 Then
    x = 0.25 * w
  Else
    If w <= 100 Then
      x = 0.25 * 50 + 0.35 * (w-50)
    Else
      x = 0.25 * 50 + 0.35 * 50 + 0.45 * (w-100)
    End If
  End If
```

```
    Text2.Text = x
End Sub
```

【解答】48。

分析：本题涉及条件语句的嵌套。输入值为 140 时，由于不满足 w≤50 的条件，也不满足 w≤100 的条件，所以只能执行 Else 嵌套中的 Else 语句。

3. 下面程序是根据用户输入的基本工资计算出增加后的基本工资。分析程序代码，当基本工资为 500 元时，程序运行的结果是_______。

```
Private Sub Text1_KeyPress(KeyAscii As Integer)
  If KeyAscii = 13 Then
    n = Val(Text1.Text)
    Select Case n
      Case Is >= 600
        gz = n * 1.2
      Case Is >= 400
        gz = n * 1.15
      Case Else
        gz = n * 1.1
    End Select
    Label1.Caption = "增加后的基本工资为：" & gz & "元"
    Text1.SelStart = 0
    Text1.SelLength = Len(Text1.Text)
  End If
End Sub
```

【解答】575。

分析：基本工资为 500 元时，不满足条件 Is≥600 时，则继续查找第一个满足的条件，当满足 Is≥400 时，则执行相应的分支语句"gz = n * 1.15"。

4. 执行下面的程序段，x 的值为____。

```
Private Sub Command1_Click()
  For i=1 To 9
    a=a + i
  Next i
  x=Val(i)
  MsgBox x
End Sub
```

【解答】10。

分析：在程序中，运行 For…Next 语句之后并没有对 I 的值改变，此时 I 为 10，故运行后结果为 10。

5. 阅读下面的程序段：

```
For a=1 To 2
  For b=1 To a
    For c=b To 2
      I=I+1
    Next
  Next
Next
Print I
```

执行上面的三重循环后，I 的值为_______。

【解答】5。

分析：本题是一个多重循环语句，是 For…Next 结构的三重嵌套，仔细分析一下就会看到，在结构中 I=I+1 共执行了 5 次，所以最后 I 的值为 5。

6. 设有下面的循环：

```
i=1
Do
  i=i+3
  Print i
Loop Until   I > ____
```

程序运行后要执行 3 次循环体，则条件中 I 的最小值为________。

【解答】7。

分析：本题考查的是 DO…Loop Until 结构的循环语句，不管满不满足条件，都要先执行一次。经分析，当 I>7（或 8，或 9）都满足执行三次的条件，但题目要求最小值，所以是 7。

7. 在窗体上画一个命令按钮，然后编写如下程序。

```
Function fun(By Val num As Long)As Long
  Dim k As Long
  k=l
  num=Abs(num)
  Do While num
    k=k*(num Mod 10)
    num=num\10
  Loop
  fun=k
End Function
Private Sub Command1_Click()
  Dim n As Long , r As Long
  n=InputBox("请输入一个数")
```

```
    n=CLng(n)  :  r=fun(n)
    Print r
End Sub
```

程序运行后，单击命令按钮，在输入对话框中输入“345”，输出结果为____。

【解答】60。

分析：程序首先要求用户输入一个数，然后将这个数转化为长整型后传递到函数 fun。本题中传递的数值是 345，函数 fun 中首先将传递的参数取绝对值，然后进入循环。

第一次循环结束的时候：k=5，num=34。

第二次循环结束的时候：k=20，num=3。

第三次循环结束的时候：k=60，num=0。

8. 在窗体上画一个命令按钮，然后编写如下事件过程。

```
Private Sub Command1_Click()
  For I=l TO 4
    x=4
    For j=1 To 3
      x=3
      For k=1 To 2
        x=x+6
      Next k
    Next j
  Next i
  Prim x
End Sub
```

程序运行后，单击命令按钮，输出结果为____。

【解答】15。

分析：观察程序，由于每次执行第二层循环时 x 都被重新赋值，因此只需分析 x=3 时，执行第三层循环所得到的结果就可以了。

k=l，x=x+6=3+6=9

k=2，x=x+6=9+6=15

最终的输出结果是 15。

9. 在窗体上画一个命令按钮然后编写如下事件过程。

```
Option Base 1
Private Sub Command1_Click()
  Dim a
  A=Array(1 , 2 , 3 , 4)
```

```
    j=1
    For i=4 To 1 Step-1
      s=s+a(i)*j
      j=j*10
    Next i
    Print s
End Sub
```

运行上面的程序，单击命令按钮，其输出结果是____。

【解答】1234。

分析：根据程序，由 a=Array(1 , 2, 3, 4)可知：a(1)=1，a(2)=2，a(3)=3，a(4)=4。

执行循环体：

s=s+a(i)*j=a(4)*1=4，j=j*10=10

s=s+a(i)*j=4+a(3)*10=34，j=j*10=100

s=s+a(i)*j=34+a(2)*100=234，j=j*10=1000

s=s+a(i)*j=234+a(1)*1000=1234，j=j*10=10000

最终的输出结果是 1234。

10. 下列程序的执行结果为____。

```
Private Sub Command1_Click()
  Dim x As Integer , y As Integer
  x=12 : y=20
  Call Value(x , y)
  Print x ; y
End Sub
Private Sub Value(ByVal m As Integer,ByVal n As Integer)
   m=m*2   :   n=n-5
End Sub
```

【解答】12　20。

分析：被调过程 Value 的两个参数 m 和 n 前面都有关键字“ByVal”，即在主调过程用此过程时，实参与形参之间是以传值方式传递信息的，而当实参与形参以传值方式相结合时，形参的改变并没有影响到实参，单单就这一点来说，当程序代码执行主调过程中的 Print x;y 语句时，x 和 y 的值应不变，仍为 12 和 20。

11. 下面程序段运行后的结果是______。

```
Private Sub Command1_Click()
  Dim b%(1 To 4),i%,t#
  For i=1 To 4
```

```
      b(i) =i
    Next i
    t=Tof(b())
    Print "t=" ; t,
End Sub
Function Tof(a()As Integer)
    Dim t# , i%
    t=1
    For i=2 To UBound(a)
      t=t *a(i)
    Next i
    Tof=t
End Function
```

【解答】t=24。

分析：程序开始调用循环语句对数组 b()赋值，b(i)=i，且数组 b 的上下界分别为 1 和 4；接着将数组 b( )作为对象，调用 Tof 过程。在 Tof 过程中，定义了两个变量 t 和 i，i 作为 For 循环的循环变量，初始值为 2，终值为数组 b 的上界；循环体为"t=t*a(i)"，即将 b(i)的值乘以 t，然后再赋给 t，当循环结束后，程序返回的就是数组 b 中除第一个元素以外所有元素值的乘积，此题的结果为 2×3×4=24，因此输出结果为 t=24。

12. 单击按钮时，以下程序运行后的输出结果是______。

```
Private Sub Command1_Click()
    Dim x As Integer,y As Integer,z As Integer
    x=1:y=2:z=3
    Call God(x,x,z)
    Print x;x;z
    Call God(x,y,y)
    Print x;y;y
End Sub
Private Sub God(x As Integer,y As Integer,z As Integer)
    x=3*z+1
    y=2*z
    z=x+y
End Sub
```

【解答】6　6　12

7　11　11。

分析：从整体上看可知，主调过程两次调用过程 God 后，实参的值将随形参的变化而变化。现在分析一下这两次调用中实参和形参是如何变化的。

第一次调用被调过程 God，主调过程把实参 x，x 和 z 的地址分别传给形参 x，y 和 z，此时形参 x，y 和 z 值分别为 1，1 和 3，执行语句 x=3*z+1 后，形参 x 的值变为 10，此时相对应的实参 x 也变为 10，执行语句 y=2*z 后，形参 y 的值变为 6，则相对应的实参 x 值变为 6。执行 z=x+y 后，形参 z 的值应为 12，这次调用后，程序代码输出的数值为 6，6，12。

第二次调用被调过程 God，主调过程把实参 x，y 和 y 的地址分别传给形参 x，y 和 z。应注意，此时实参 x 的值为 6 而不是 1，所以此时形参 x，y 和 z 的值分别为 6，2 和 2，执行语句 x=3*z+1 后，形参 x 的值为 7，相对实参 x 的值也相应地变为 7。执行语句 y=2*z 后，形参 y 的值变为 4，相应的实参 y 的值也变为 4，执行 z=x+y 后，形参 z 的值变为 11，相应的实参 y 的值变为 11，而形参 y 和 z 的地址相同，最后它们的值都应为 11，此次调用后，输出的数值为 7，11 和 11。

13. 在窗体上画一个命令按钮，下列程序运行后，单击命令按钮，输出结果为______。

```
Private Sub Command3_Click()
    Tcl 2
    Tcl 3
    Tcl 4
End Sub
Sub Tcl(a As Integer)
    Static x As Integer
    x=x + a
    Print x;
End Sub
```

【解答】 2　5　9。

分析：在过程 Tcl 中，将 Integer 型变量 x 定义为静态变量（Static），Static 语句的格式与 Dim 语句的完全一样，但 Static 语句只能出现在事件过程，Sub 过程或 Function 过程中，在过程中的 Static 变量只有局部的作用域，即只能在本过程中可见，但可以和模块级变量传递，即使过程结束后，其值仍能保留。Tcl 过程是将变量 a 的值加上 x 的值赋给 x，然后输出 x 的值；第一次调用 Tcl 过程时，x 未赋值，默认为 0，所以输出结果为 2，第二次调用 Tcl 过程时，因为 x 为静态变量，所以它的值为上次调用后的值，即为 2，加上 a 后，x 的值变为 5，输出结果为 5。同理，第三次调用后输出结果为 9。

2.5　程序改错题

1. 下面程序输出所有的“水仙花数”。“水仙花数”是指一个三位数，其各位数的立方和等于该数，如 $153 = 1^3 + 5^3 + 3^3$。程序界面设计如图 2-1 所示，程序中有两处错误，请指出并改正。

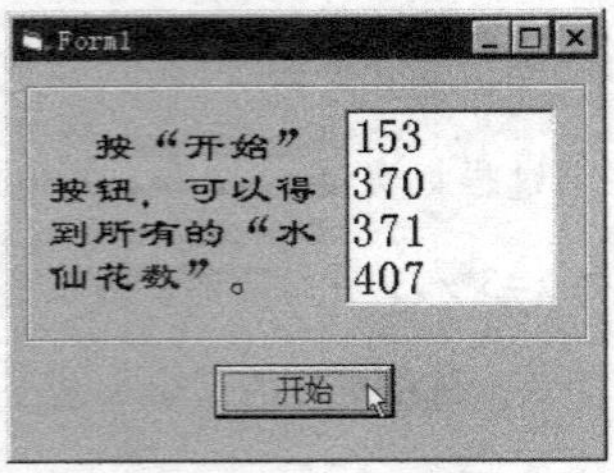

图 2-1　输出水仙花数

```
Private Sub Command1_Click( )
  Dim p As Integer
  List1.Clear
  For n = 100 To 999
    a = Int(n)
    b = Int((n - a * 100) / 10)
    c = n - (a * 100 + b * 10)
    p = a + b + c
    If p = n Then List1.AddItem p
  Next
End Sub
```

【解答】（1）第 4 行 a = Int(n)改为 a = Int(n/100)；（2）倒数第 3 行 p = a + b + c 改为 p = a ^ 3 + b ^ 3 + c ^ 3。

分析：此题的关键是把任意三位数的每一位数分离出来。设 a, b, c 分别是三位整数 n 的百位数、十位数、个位数，则

```
a = Int(n/100)
b = Int((n – a * 100)/10)
c = n – a * 100 – b * 10
```

因此，第 4 行 a = Int(n)没有达到取出百位数的目的，应改为 a = Int(n/100)。

另外，根据题意，“水仙花数”是指一个其各位数的立方和等于该数的三位数，计算公式应为 p = a ^ 3 + b ^ 3 + c ^ 3。

2. 下面的程序是随机产生 10 个两位整数，输出其中的最大值、最小值和平均值。程序界面设计如图 2-2 所示，程序中有两处错误，请指出并改正。

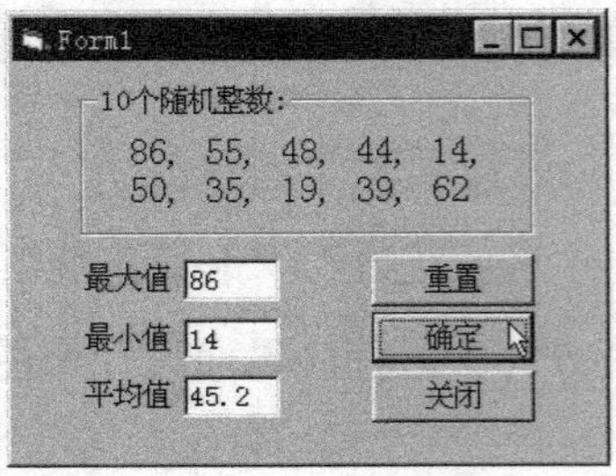

图 2-2　求随机两位整数中的最大值、最小值和平均值

```
Dim a(1 To 10) As Integer
Private Sub Form_Load( )
  Dim p As String
  Randomize
  p = ""
  For i = 1 To 10
    a(i) = Int(Rnd * 90)
    p = p & Str(a(i)) & ","
  Next
  Label1.Caption = LTrim(Left(p, Len(p) – 1))
End Sub
Private Sub Command2_Click( )
  Dim n As Integer, m As Integer, s As Single
  min = 100: max = 10: s = 0
  For i = 1 To 10
    If a(i) > n Then max = a(i)
    If a(i) < m Then min = a(i)
    s = s + a(i)
  Next
  Text1.Text = max
  Text2.Text = min
  Text3.Text = s
End Sub
Private Sub Command1_Click( )
  Form_Load
  Text1.Text = ""
  Text2.Text = ""
  Text3.Text = ""
End Sub
Private Sub Command3_Click( )
  Unload Me
End Sub
```

【解答】（1）在 Form_Load( )事件中，第 5 行 a(i) = Int(Rnd * 90)改为 a(i) = Int(Rnd * 90) + 10;（2）在 Command2_Click( )事件中，倒数第 1 行 Text3.Text = s 改为 Text3.Text = s/10。

分析：本题分为两部分：一是产生 10 个随机两位整数，二是对这 10 个整数求最大值、最小值及平均值，为此使用了数组。因要在不同的过程中使用数组，所以首先在模块的通用段中声明了数组。随机整数的生成由窗体的 Load 事件代码完成。求最大值、最小值及平均值由“确定”按钮 Command2 的 Click 事件代码完成。

在 Form_Load()事件中，产生 10 个随机两位整数，由于 Rnd 函数是产生 0～1 的随机小数，Int(Rnd

* 90)的值有可能是 0 或一位整数，因此第 5 行的 a(i) = Int(Rnd * 90)应改为 a(i) = Int(Rnd * 90) + 10。

在 Command2_Click( )事件中，在 Text3 中是要计算 10 个数的平均值，因此 Text3.Text = s 应改为 Text3.Text = s/10。

3. 某数组有 20 个元素，元素的值由键盘输入，要求将第 1 个元素与第 20 个元素互换，第 2 个元素与第 19 个元素互换……第 10 个元素与第 11 个元素互换。输出数组原来各元素的值和对换后各元素的值。程序界面设计如图 2-3 所示，程序中有两处错误，请指出并改正。

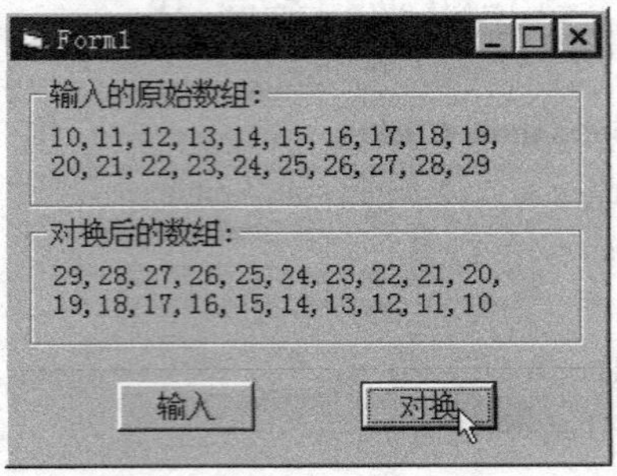

图 2-3　数组元素对换

```
Dim a(1 To 20) As Integer
Private Sub Command1_Click( )
  Dim i As Integer, t As Integer
  Dim p As String
  For i = 1 To 20
     a(i) = InputBox("输入 a(" & Format(i, "#") & "):")
  Next i
  For i = 1 To 20
     p = p & a(i)
     Select Case i
       Case 10
          p = p & "," & Chr(13)
       Case 20
       Case Else
          p = p & ","
     End Select
  Next i
  Label1.Caption = p
End Sub

Private Sub Command2_Click( )
  Dim p As String
  For i = 1 To 20
```

```
        t = a(i): a(i) = a(20 – i + 1): a(20 – i + 1) = t
    Next i
    For i = 1 To 20
        p = p & a(i)
        Select Case i
            Case 10
                p = p & "," & Chr(13)
            Case 20
            Case Else
                p = p & ","
        End
    Next i
    Label2.Caption = p
End Sub
```

【解答】（1）在 Command2_Click( )中，第 2 行 For i = 1 To 20 改为 For i = 1 To 10；（2）在 Command2_Click( )中，倒数第 3 行 End 改为 End Select。

分析：本题首先在“通用”段声明数组，定义一个具有 20 个元素的数组 a(1 To 20)。在“输入”按钮 Command1 的 Click 事件代码中，利用 For 循环对 20 个元素依次通过键盘输入对数组进行赋值，然后按此顺序输出，即为互换前各元素的值。在“互换”按钮 Command2 的 Click 事件代码中，按要求将前 10 个元素与后 10 个元素进行互换，方法是将 a(i)与 a(20 − i + 1)互换，最后输出互换后各元素的值。

本题错误发生在 Command2_Click( )中，其中互换操作只需要 10 次即可，因此 For i = 1 To 20 应改为 For i = 1 To 10；倒数第 3 行 End 不符合 Select Case 语法规则，应改为 End Select。

4. 利用一维数组统计一个班学生 0～9, 10～19, 20～29…90～99 分及 100 分各分数段的人数。程序界面设计如图 2-4 所示，程序中有两处错误，请指出并改正。

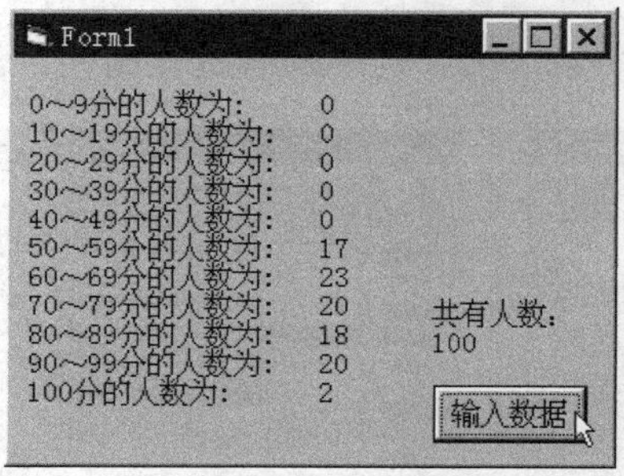

图 2-4　统计分数段人数

```
Dim a(10) As Integer
Private Sub Command1_Click( )
    Dim p As Integer, n As Integer
    Dim x As Single
    n = InputBox("n=", "请输入学生数")
    Label1.Caption = "共有人数：" & n
```

```
    For i = 1 To n
      x = Val(InputBox("请输入第" & Str(i) & "名学生的成绩", ""))
      If x >= 0 And x <= 100 Then
        p = Int(x)
        a(p) = a(p) + 1
      Else
        MsgBox "请输入正确分数！"
        i = i + 1
      End If
    Next i
    Cls
    Print
    For p = 0 To 9
      Print Tab(2); p * 10 & "～" & (p * 10 + 9) & "分的人数为:"; Tab(20); a(p)
    Next p
    Print Tab(2); "100 分的人数为:"; Tab(20); a(10)
End Sub
```

【解答】（1）第 8 行 p = Int(x)改为 p = Int(x/10)；（2）第 12 行 i = i + 1 改为 i = i – 1。

分析：本题定义一个有 11 个元素的一维数组 a(0 To 10)，把 0～9 分的学生人数存入 a(0)中，把 11～19 分的学生人数存入 a(1)中……把 100 分的学生人数存入 a(10)中。

由于按成绩分数段分别统计人数，第 8 行 p = Int(x)应改为 p = Int(x / 10)。如果输入的分数不符合要求，应该重新输入，因此第 12 行 i = i + 1 应改为 i = i – 1。

5. 设计一个“通信录”程序，如图 2-5（a）所示。当用户在下拉列表框中选择某一人名后，在“电话号码”文本框中显示出对应的电话号码，如图 2-5（b）所示。当用户选择或取消“单位”和“住址”复选框的勾选后，将打开或关闭“工作单位”和“家庭住址”文本框，如图 2-5 所示（c）。程序中有两处错误，请指出并改正。

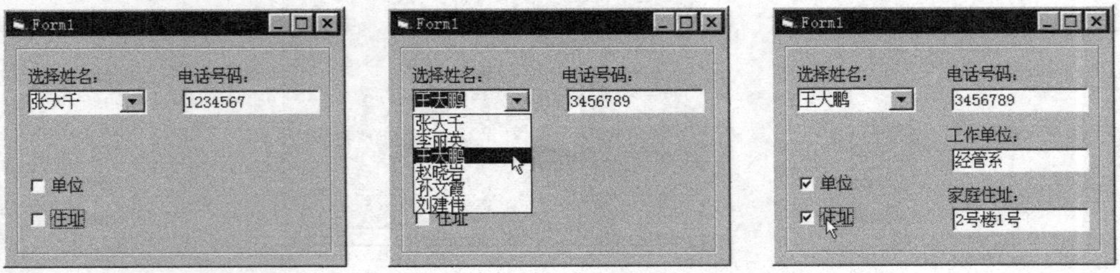

（a）（b）（c）

图 2-5 “通信录”程序

```
Dim xm(10) As String, dh(10) As String, dw(10) As String, zz(10) As String
Private Sub Form_Load( )
  xm(0) = "张大千": dh(0) = "1234567": dw(0) = "计算机系": zz(0) = "1 号楼 15 号"
  xm(1) = "李丽英": dh(1) = "2345678": dw(1) = "计算机系": zz(1) = "2 号楼 16 号"
```

```
    xm(2) = "王大鹏": dh(2) = "3456789": dw(2) = "经管系": zz(2) = "2 号楼 1 号"
    xm(3) = "赵晓岩": dh(3) = "4567890": dw(3) = "水利系": zz(3) = "1 号楼 5 号"
    xm(4) = "孙文霞": dh(4) = "5678901": dw(4) = "机电系": zz(4) = "2 号楼 15 号"
    xm(5) = "刘建伟": dh(5) = "6789012": dw(5) = "环建系": zz(5) = "3 号楼 6 号"
End Sub

Private Sub Form_Activate( )
    For n = 0 To 5
        Combo1.AddItem n
    Next
    Combo1.ListIndex = 0
End Sub

Private Sub Combo1_Click( )
    Text1(0).Text = dh(Combo1.ListIndex)
    Text1(1).Text = dw(Combo1.ListIndex)
    Text1(2).Text = zz(Combo1.ListIndex)
End Sub

Private Sub Check1_Click(Index As Integer)
    Text1(Index + 1).Visible = Check1(Index).Value
    Label1(Index + 1).Value = Check1(Index).Value
End Sub
```

【解答】（1）在 Form_Activate( )事件中，第 2 行 Combo1.AddItem n 改为 Combo1.AddItem xm(n);（2）在 Check1_Click(Index As Integer)事件中，第 2 行 Label1(Index + 1).Value = Check1(Index).Value 改为 Label1(Index + 1).Visible = Check1(Index).Value。

分析：本题题意很明确，在窗体的 Activate 事件代码中，在组合框中添加的不是 n 的值，应该是数组的值 xm(n)，因此，第 2 行 Combo1.AddItem n 应该改为 Combo1.AddItem xm(n)。

在组合框 Check1 的 Click 事件代码中，当单击 Check1 时，应该使得 Label1 标签可见，因此，第 2 行 Label1(Index + 1).Value = Check1(Index).Value 的 Label1 标签的可见属性用错了，应该改为 Label1(Index + 1).Visible = Check1(Index).Value。

2.6　程序填空题

1. 新建一个工程，内有两个窗体，窗体 Form1 上有一个命令按钮 Command1，单击该按钮，Form1 窗体消失，显示 Form2 窗体，试补充程序。

```
Private Sub Command1_Click()
  ____（1）____
  Form2.____（2）____
End Sub
```

【解答】（1）Me.Hide 或者 Forml.Hide 或者 Unload Me；（2）Show。

分析：解答此题首先要了解以下方法。

Show 方法：将窗体加载到内存并显示。

Hide 方法：将窗体加载到内存并隐藏。

Load 语句：加载窗体到内存。

Unload 语句：从内存卸载窗体，Unload Me 卸载本窗体。

所以本题中，可以用 Hide 方法或 Unload 语句使 Forml 窗体消失，用 Show 方法显示窗体。

2. 下面程序为已知圆的半径 *r*，求圆面积 *S*。请填写未完成的代码。

```
Private Sub Command1_Click( )
  Const pi = 3.14
  Dim r As Single, S As Single
  r = Val(Text1.Text)
  S = __________
  Label2.Caption = S
End Sub
```

【解答】pi * r ^ 2 或 pi * r * r。

分析：空白处应该是计算圆面积的计算公式，因此答案为 pi * r ^ 2。

3. 输出在指定范围内的一个随机数，范围在文本框中输入。程序代码如下，请补充完整。

```
Private Sub Command1_Click( )
  Randomize
  n = Val(Text1.Text)
  m = Val(Text2.Text)
  Label4.Caption = __________
End Sub
```

【解答】Int((m + 1 – n) * Rnd) + n。

分析：随机函数 Rnd()可以返回一个（0,1）区间的随机小数，那么，Rnd * a 语句可以返回（0, a）区间的随机实数（带小数）。若 n, m 均为整数，则表达式 Int((m + 1 − n) * Rnd) + n 的值是闭区间[n, m]中的一个随机整数。

4. 下列程序的功能是：当 x<50 时，y=0.8×x；当 50≤x≤100 时，y=0.7x；当 x>

100 时，没有意义。请补充完整。

```
Private  Sub  Command1_Click()
     Dim  x  As  Single
     x=InputBox("输入 x 的值")
     ______(1)______
     Case  Is<50
       y=0.8 * x
     Case  50  To  100
       y=0.7 * x
     ______(2)______
     Print  "输入的数据出界！"
   End  Select
   Print  x , y
End Sub
```

【解答】（1）Select Case x；（2）Case Else。

分析：分析程序后，发现程序中有 Case 和 Select 子句，没有多分支选择结构的起始语句。很明显，第一个空应该填写多分支结构的起始语句“Select Case x”。在 Select Case 结构中，只有两个 Case 子句，分别表示 x 取值的两种情况，但题目中将 x 的取值分为 3 种情况，可见第二个空应该填写“Case Else”语句。

5. 在窗体上画一个文本框和一个计时器控件，名称分别为 Text1 和 Timer1，在属性窗中把计时器的 Interval 属性设置为 100，Enabled 属性设置为 False。程序运行后，如果单击命令按钮，则每隔 1s 在文本框中显示一次当前的时间。请补充程序。

```
Private Sub Command1_Click()
  Timer1.__________
End Sub
Private Sub Timer1_Timer()
    Text1.Text=Time
End Sub
```

【解答】Enabled=True。

分析：本题考查的是时钟控件 Timer，该控件的 Interval 属性表示两个计时器事件之间的时间间隔，其值以 ms 为单位，而当 Enabled 属性为 False 时，时钟控件不起作用，故欲使程序实现每隔 1s 在文本框中显示一次当前的时间，则前提就需将时钟控件的 Enabled 设置为 True。

6. 以下程序的功能是从键盘输入若干个学生的考试成绩，统计并输出最高分和最低分，当输入负数时结束输入并输出结果。请补充程序。

```
Dim x,amax,amin As Single
x=InputBox("Enter a score")
amax=x
```

```
amin=x
Do While ____(1)____
   If x>amax Then
      amax=x
   End If
   If ____(2)____ Then
      amin=x
   End If
   x=InputBox("enter a score")
Loop
Print "max="; amax, "min="; amin
```

【解答】（1）x>=0；（2）x<amin。

分析：本程序先定义了 3 个变量 x、amin、amax，它们分别用来接收从键盘输入的字符、最小值和最大值。先用 InputBox 函数从键盘接收一个整数并赋给 x，然后将 x 的值赋给 amin 和 amax，作为它们的初值，因为当输入的值为负数时结束循环，所以 Do While 的控制语句就是判断 x 的值是否大于或等于 0；当 x≥0 时，执行块形式条件语句，当 x>amax，将 x 的值赋给 amax，当 x<amin 时，就将 x 的值赋给 amin；每循环一次，就要给 x 赋值一次，然后接着循环，直到 x 的值是负数时跳出循环，输出 amax 和 amin 的值。

7. 下面程序是用来打印九九乘法表的，请补充完整。

```
Dim i As Integer, j As Integer, Str1$
Str =" "
For i=1 To 9
   For j=1 To 9
         If ____(1)____ Then
            Str1=Str1+Str$（j）+"×"+Str$(i)+ "="+Str$(Val(i * j))
         Else
            Str1=Str1 & Chr(13)
            ____(2)____
         End If
   Next j
Next i
Print Str1
```

【解答】（1）j<=i；（2）Exit For。

分析：Exit 语句总是出现在 If 语句或 Select Case 语句内部，而 If 语句或 Select Case 语句在循环内嵌套，用 Exit 语句中断循环。函数首先定义了 Integer 型变量 i、j，并将空格赋给 Strl；第一个 For 循环的变量 i 从 1 到 9 步长为 1，第二个循环的变量 j 也是从 1 到 9 步长为 1，循环体为选择结构，它用来输出

i*j 的值，所以 j 的值应该小于此时 i 的值，那么 If 的判断语句为 j <= i，当满足条件时执行 Then 后面的语句，即输出 i*j 的值，如果不满足条件时执行 Else 后面的语句，并跳出循环。

8. 马克思曾经做过这样一道趣味数学题：有 30 个人在一家小饭馆里用餐，其中有男人、女人和小孩，每个男人花了 3 先令，每个女人花了 2 先令，每个小孩花了 1 先令，一共花去 50 先令。下面程序求男人、女人和小孩各有几人。请将程序补充完整。

```
Private Sub Command1_Click( )
  List1.Clear
  For x = 1 To 16
    For y = 1 To 24
      z = ______(1)______
      If 3 * x + 2 * y + z = 50 Then
        p = Format(x, "@@@") & Format(y, "@@@@@") & Format(z, "@@@@@")
        List1.AddItem p
      End If
    Next
  ______(2)______
End Sub
```

【解答】（1）30-x-y；（2）Next。

分析：设有 x 个男人，y 个女人，z 个小孩。依题意，列出如下方程组：

$$\begin{cases} x+y+z=30 \\ 3x+2y+z=50 \end{cases}$$

由于两个方程式中有三个未知数，属于不定方程，无法直接求解。因此，本题使用了“穷举法”来进行“试根”，即将各种可能的 x, y, z 组合一一进行测试，将符合条件者输出。同时，本题考虑到了男人最多只能有 16 人，女人最多只能有 24 人。因此，在（1）中，小孩人数 $z=30\text{-}x\text{-}y$。另外，本题使用了双重循环，在（2）中应该填写外循环结束语句 Next。

9. 补充程序代码，完成对本学期选修课程进行课程添加、修改和删除的操作。界面如图 2-6 所示。

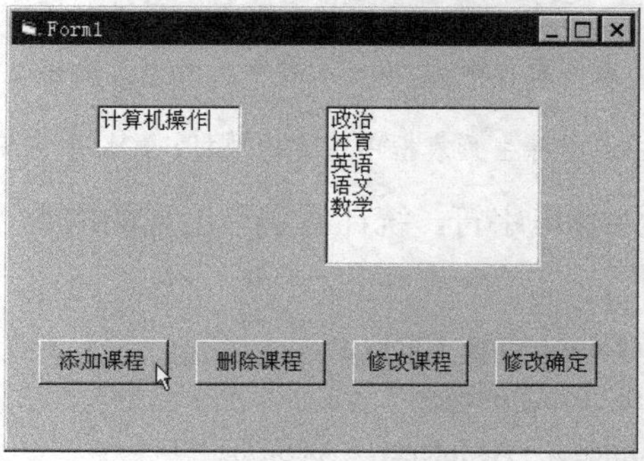

图 2-6　选修课程表

```
Private Sub Command1_Click( )
  List1.AddItem ____(1)____
  Text1.Text = ""
End Sub

Private Sub Command2_Click( )
  List1.RemoveItem ____(2)____
End Sub

Private Sub Command3_Click( )
  Text1.Text = List1.Text
  Text1.SetFocus
  Command1.Enabled = False
  Command2.Enabled = False
  Command3.Enabled = False
  Command4.Enabled = True
End Sub

Private Sub Command4_Click( )
  List1.List(List1.ListIndex) = Text1.Text
  Command4.Enabled = False
  Command1.Enabled = True
  Command2.Enabled = True
  Command3.Enabled = True
  Text1.Text = ""
End Sub
```

【解答】（1）Text1.Text，（2）List1.ListIndex。

分析：由于不能直接对列表框中的项目进行添加、修改和删除操作，所以本题利用了文本框。利用“添加课程”按钮 Command1 将文本框中的内容添加到列表框，利用“删除课程”按钮 Command2 删除列表框中选定的项目。如果要修改列表框，则首先选定项目，然后按“修改课程”按钮 Command3，所选的项目显示在文本框中。当在文本框中修改完之后，再按“修改确定”按钮 Command4 更新列表框。因此，在 Command1 的单击事件中，是将文本框中的内容添加到列表框中，(1) 中应填写 Text1.Text。在 Command2 的单击事件中，是除去列表框中选定的项目，(2) 中应填写 List1.ListIndex。

10. 下面程序为输入一串字符，统计各字母出现的次数（不区分大小写）。请将程序补充完整。

```
Private Sub Command1_Click( )
  Dim a(1 To 26) As Integer
  Dim i As Integer, j As Integer, c As String * 1
  tot = Len(Text1)
  For i = 1 To tot
```

```
        c = UCase(______(1)______)
        If c >= "A" And c <= "Z" Then
            j = Asc(c) – 65 + 1
            a(j) = ______(2)______
        End If
    Next i
    For j = 1 To 26
        If a(j) > 0 Then
            Label2.Caption = Label2.Caption & Chr$(j + 64) & "=" & a(j) & " "
        End If
    Next j
End Sub
```

【解答】（1）Mid(Text1, i, 1)；（2）a(j) + 1。

分析：本题统计 26 个英文字母出现的次数，因此声明了一个具有 26 个元素的数组，每个元素的下标表示对应字母出现的次数。从输入的字符串中逐一取出字符，并将其转换成大写字母（使得大小写不区分），再进行判断。在（1）中，需要从 Text1 中逐一取出字符，因此应使用 Mid(Text1, i, 1)函数，在（2）中对应数组元素加 1，因此为 a(j) + 1。

11. 设有一个 5×5 的矩阵，其中的元素是由计算机随机生成的小于 100 的整数。求：（1）对角线上元素之和；（2）对角线上元素之积；（3）矩阵中最大的元素。程序界面如图 2-7 所示，请将程序补充完整。

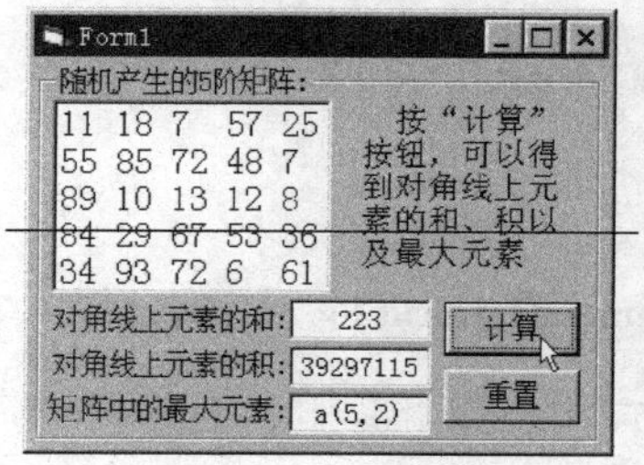

图 2-7　矩阵元素计算

```
Dim a(5, 5) As Integer
Private Sub Form_Load( )
    List1.______(1)______
    Dim p As String
    Randomize
    For i = 1 To 5
        p = ""
        For j = 1 To 5
            a(i, j) = Int(Rnd * 99) + 1
            p = p & Format(a(i, j), "!@@@")
```

```
        Next
        List1.AddItem p, i – 1
    Next
    Text1.Text = ""
    Text2.Text = ""
    Text3.Text = ""
End Sub

Private Sub Command1_Click( )
    Dim s As Integer, t As Long
    s = 0: t = 1
    For i = 1 To 5
        s = s + a(i, i)
        t = t * a(i, i)
        If Max < a(i, i) Then Max = a(i, i): p = i
    Next
    Max = a(1, 1): p = 1: q = 1
    For i = 1 To 5
        For j = 1 To 5
            If Max < a(i, j) Then Max = a(i, j): p = i: q = j
        Next
    Next
    Text1.Text = s
    Text2.Text = t
    Text3.Text = "a(" & p & "," & q & ")"
End Sub

Private Sub Command2_Click( )
    ____(2)____
End Sub
```

【解答】（1）Clear；（2）Form_Load。

分析：本题矩阵中的元素用一个二维的数组表示，利用单层循环可计算出对角线上元素的和、积，利用双层循环可求出矩阵中的最大元素。本题在不同的过程中均会使用数组，所以首先在模块的通用段声明了数组。矩阵的生成由窗体的 Load 事件代码完成，计算功能由“计算”按钮 Command1 的 Click 事件代码完成，重置功能由“重置”按钮 Command2 的 Click 事件代码完成。在（1）中，首先要清空列表框的内容，为数据输入做准备，因此应填入 List1 的 Clear 方法；在（2）中，需要实现重置功能，重新装载窗体，因此应填入 Form_Load。

12. 以下是一个计算矩形面积的程序，需调用过程计算矩形面积。请将程序补充完整。

```
Sub RecArea(L , W)
    Dim S As Double
    S=L * W
    MsgBox "Total Area is" & Str(S)
End Sub
Private Sub Command1_Click()
    Dim M,N
    M=InputBox("What is the L? ")
    M=Val(M)
    ____(1)____
    N=Val(N)
    ____(2)____
End Sub
```

【解答】（1）N = InputBox("What is the W? ")；（2）Call RecArea(M, N)或 RecAreacM, N。

分析：程序通过 RecArea 过程来计算并输出矩形的面积，它有两个形式参数，分别为矩形的长和宽。在 Sub 事件过程中，从键盘上输入矩形的长和宽，调用 InputBox 函数分别将输入的数赋给 M 和 N，所以（1）处应为 N = InputBox（"What is the W？ "）。将 M 和 N 作为实参调用 RecArea 过程，它有两种书写方式：一种是把过程的名字放在一个 Call 语句中，格式为 Call 过程名 [(实际参数)]；另外一种是把过程名作为一个语句来使用，与第一种方式相比，它去掉了关键字 Call 和参数列表，所以（2）为 Call RecArea(M, N)或 RecArea(M, N)。

13. 下面程序可实现由鼠标事件在窗体上画图，如果按下鼠标将可以画图，双击窗体可以清除所画图形。请将程序补充完整。

```
Dim PaintStrat As Boolean
Private Sub Form_Load()
    DrawWith=2
    ForeColor=vbGreen
End Sub
Private Sub Form_MouseDown(Button As Integer,Shift As Integer, X As Single,Y As Single)
    ____(1)____
End Sub
Private Sub Form_MouseMove(Button As Integer,Shift As Integer, X As Single,Y As Single)
    If PaintStart Then
        PSet(X,Y)
    End If
```

```
End Sub
Private Sub Form_MouseUp(Button As Integer,Shift As Integer, X As Single,Y As Single)
    ____(2)____
End Sub
Private Sub Form_DblClick()
  Cls
End Sub
```

【解答】（1）PaintStart = True；（2）PaintStart = False。

分析：上述过程定义了一个布尔型变量 PaintStart，当按下鼠标左键（触发 MouseDown 事件）时，由题意可知按下鼠标键表示能画图，所以该变量的值为 True，而松开鼠标左键（触发 MouseUp 事件）时，该变量的值为 False；如果变量 PaintStart 为 True，则移动鼠标（触发 MouseMove 事件）时，将在窗体上绘出一个点。除鼠标事件外，上述程序还含有一个 Load 事件过程和一个 DblClick 事件过程，其中 Load 事件过程用来设置点的大小和颜色，DblClick 事件过程用来清除所画的图形，函数 Pset 是画点语句，用它可以在（x，y）处画一个点。

第 3 部分

实战练习

3.1 选择题

1. 以下叙述中错误的是（　　）。
   A）Visual Basic 是事件驱动型可视化编程工具
   B）Visual Basic 应用程序不具有明显的开始和结束语句
   C）Visual Basic 工具箱中的所有控件都具有宽度（Width）和高度（Height）属性
   D）Visual Basic 中控件的某些属性只能在运行时设置
2. 下列关于面向对象编程的叙述中错误的是（　　）。
   A）属性是描述对象特征的数据
   B）方法指示对象的行为
   C）事件是能够被对象识别的动作
   D）VB 程序的运行机制是面向对象
3. 下列叙述中正确的是（　　）。
   A）任何一个对象的所有属性既可在属性窗口中设置，也可以程序代码的方式设置
   B）在属性窗口中设置的属性是在设计阶段完成的，因而这些属性值不能改变
   C）在程序中通过编程设置属性值是在运行阶段给属性赋值
   D）用程序方式给属性赋值的格式是“属性名：属性值”
4. 下列方法中不能退出 VB 的是（　　）。
   A）按 Alt+Q 组合键
   B）按 Alt+F 组合键，然后按 Esc 键
   C）按 F10 键后，按 F 键，然后再按 X 键
   D）打开“文件”菜单→“退出”命令
5. 通过（　　）可以在设计时，直观地调整窗体在屏幕上的位置。
   A）代码窗口　　　　B）窗体布局窗口
   C）窗体设计窗口　　D）属性窗口
6. 为了能用键盘打开菜单和执行菜单命令，第一步应按（　　）。
   A）F10 或 Alt 键　　B）Shift+F4 组合键
   C）Ctrl 或 F4 键　　D）Ctrl+Alt 组合键
7. 在 Visual Basic 中建立应用程序所需要的控件时，应使用（　　）。
   A）属性窗口　　B）工具箱窗口
   C）立即窗口　　D）菜单设计窗口
8. 在 VB 中，被称为对象的是（　　）。
   A）窗体　　　　B）控件
   C）控件和窗体　D）窗体、控件和属性

9. Visual Basic 窗体设计器用来设计（　　）。

A）应用程序的代码段　　B）应用程序的界面

C）对象的属性　　D）对象的事件

10. 下面关于 Visual Basic 集成开发环境中关于工具栏的说法不正确的是（　　）。

A）工具栏的位置可以任意改变

B）工具栏一定在菜单栏的下方

C）工具栏可以显示或隐藏

D）VisualBasic 有多个工具栏

11. 在 Visua1 Basic 6.0 集成开发环境中，按下列组合键可以打开工程管理器窗口的是（　　）。

A）Shift+F7　　B）Ctrl+G

C）Ctrl+R　　D）Shift+F4

12. 下列不是 Visual Basic 中打开工程的方法的是（　　）。

A）按 Alt+O 组合键

B）执行“文件”菜单中的“打开”命令

C）按 Ctrl+O 组合键

D）单击标准工具栏上的打开工程按钮

13. 在 Visua1 Basic 集成开发环境中，如果没有显示出某个窗口，可以通过（　　）菜单下的命令使其显示。

A）文件　　B）编辑　　C）视图　　D）工程

14. 在 Visua1 Basic 集成开发环境中，激活属性窗口使用的功能键是（　　）。

A）F2　　B）F3　　C）F4　　D）F5

15. 下列叙述中正确的是（　　）。

A）只有窗体才是 Visua l Basic 中的对象

B）只有控件才是 Visual Basic 中的对象

C）窗体和控件都是 Visual Basic 中的对象

D）窗体和控件都不是 Visual Basic 中的对象

16. 用于程序设计的控件在（　　）。

A）工程窗口中　　B）工具箱中　　C）工具菜单中　　D）工具栏上

17. 下列不能打开代码窗口的操作是（　　）。

A）双击窗体上的某个控件　　B）双击窗体

C）单击视图菜单中的“代码窗口”　　D）单击窗体或控件

18. 刚建立一个新的标准 EXE 工程后，不在工具箱中出现的控件是（　　）。

A）按钮　　B）标签　　C）通用对话框　　D）文本框

19. 下列不能打开属性窗口的操作是（　　）。

A）执行视图菜单中的属性窗口命令

B）按 F4 键

C）按 Ctr1+T 组合键

D）单击工具栏上的属性窗口按钮

20. 在设计阶段，当双击窗体上的某个控件时，所打开的窗口是（　　）。

A）工程资源管理器窗口　　B）工具箱窗口

C）代码窗口　　D）属性窗口

21. 确定一个控件在窗体上的位置的属性是（　　）。

A）Width 和 Height　　B）Width 或 Height

C）Top 或 Left　　D）Top 和 Left

22. 为了同时改变一个活动控件的高度和宽度，正确的操作是（　　）。

A）拖拉控件 4 个角上的某个小方块

B）只能拖拉位于控件右下角的小方块

C）只能拖拉位于控件左下角的小方块

D）不能同时改变控件的高度和宽度

23. 窗体的 Caption 属性的作用是（　　）。

A）确定窗体的名称　　B）确定窗体标题栏的内容

C）确定窗体边界的类型　　D）确定在窗体输出字符的字体

24. 确定一个窗体或控件大小的属性是（　　）。

A）Width 和 Height　　B）Width 或 Height

C）Top 或 Left　　D）Top 和 Left

25. 不论何种控件，共同具有的属性是（　　）。

A）Text　　B）Name　　C）ForeColor　　D）Caption

26. 关于 VB 应用程序，正确的叙述是（　　）。

A）程序运行时，总是等待事件被触发

B）程序设计的核心是编写事件过程的程序代码

C）程序是以线性方式顺序执行的

D）事件可以由用户随意定义，而事件过程是系统预先设置好的

27. 要使 Form1 窗体的标题栏显示“欢迎”，以下语句正确的是（　　）。

A）Form1.Caption =“欢迎”（注：引号为中文标点）

B）Form1.Caption='欢迎'

C）Form1.Caption=欢迎

D）Form1.Caption="欢迎"

28. 以下叙述中正确的是（　　）。

A）窗体的 Name 属性指定窗体的名称，用来标记一个窗体

B）窗体的 Name 属性的值是显示在窗体标题栏中的文本

C）可以在运行期间改变对象的 Name 属性的值

D）对象的 Name 属性可以为空

29. 当窗体被加载时，发生的事件是（　　）。

A）Load　　B）Unload　　C）Resize　　D）DragDrop

30. 决定标签内显示内容的属性是（　　）。

A）Text　　B）Name　　C）Alignment　　D）Caption

31. 要使标签中的文本靠右显示，应将 Alignment 属性设置为（　　）。

A）0　　B）1　　C）2　　D）3

32. 为了保存一个 VB 应用程序，下列说法正确的是（　　）。

A）只保存窗体模块文件（.frm）

B）只保存工程文件（.vbp）

C）分别保存工程文件和标准模块文件（.bas）

D）分别保存工程文件、窗体文件和标准模块文件

33. 为了使标签中的内容居中显示，应将 Alignment 属性设置为（　　）。

A）0　　B）1　　C）2　　D）3

34. 以下不属于同类的是（　　）。

A）Click　　B）Name　　C）Caption　　D）Top

35. 在 VB 环境下，当要编写一个新程序时，所做的第一件事是（　　）。

A）编写代码　　B）新建一个工程

C）打开属性窗口　　D）打开立即窗口

36. VB 窗体文件的扩展名是（　　）。

A）.for　　B）.frm　　C）.vbp　　D）.bas

37. VB 工程文件的扩展名是（　　）。

A）.for　　B）.frm　　C）.vbp　　D）.bas

38. 以下叙述中错误的是（　　）。

A）在工程资源管理器窗口中只能包含一个工程文件及属于该工程的其他文件

B）以.bas 为扩展名的文件是标准模块文件

C）窗体文件包含该窗体及其控件的属性

D）一个工程中可以含有多个标准模块文件

39. 以下不属于 Visual Basic 系统的文件类型的是（　　）。

A）frm　　B）bat　　C）vbg　　D）vbp

40. 以下叙述中错误的是（　　）。

A）打开一个工程文件时，系统自动装入与该工程有关的窗体、标准模块等文件

B）保存 VB 程序时，应分别保存窗体文件及工程文件

C）VB 应用程序只能以解释方式执行

D）事件可以由用户引发，也可以由系统引发

41. 如果一个工程含有多个窗体及标准模块，则以下叙述中错误的是（　　）。

A）如果工程中含有 Sub Main 过程，则程序一定首先执行该过程

B）不能把标准模块设置为启动模块

C）用 Hide 方法只是隐藏一个窗体，不能从内存中清除该窗体

D）任何时刻最多只有一个窗体是活动窗体

42. Visual Basic 集成开发环境的主窗口中不包括（　　）。

A）属性窗口　　B）标题栏　　C）菜单栏　　D）工具栏

43. 下列操作中可以打开立即窗口的是按（　　）。

A）Ctrl+D 组合键　　B）Ctrl+F 组合键

C）Ctrl+G 组合键　　D）Ctrl+E 组合键

44. 以下关于 VB 数据类型的说法中，不恰当的是（　　）。

A）VB 6.0 提供的数据类型主要有字符串型和数值型，此外还有字节、货币、对象、日期、布尔和变体等

B）目前 Decimal 数据类型只能在变体数据类型中使用

C）用户不能定义自己的数据类型

D）布尔型数据只能取两种值，用两个字节存储

45. 下列关于字符型数据的说法中，不恰当的是（　　）。

A）字符型数据是用来存储文字信息的

B）字符型数据包含定长字符串和变长字符串

C）字符串使用双引号或单引号作为界定符号

D）长度为 0（不含任何字符）的字符串为空字符串（简称空串）

46. 下列关于数值型数据的说法中，正确的是（　　）。

A）如果数值型数据不包含小数，则应使用整型数或长整型数

B）在 VB 中，数值型数据没有有效范围

C）单精度数比双精度数所占存储空间更大

D）单精度数在存储时占据 2 字节的存储空间

47. 数据"12345"是（　　）数据。

A）整型　　B）长整型　　C）字符型　　D）日期型

48. 以下数据类型中，不是 VB 的数据类型的是（　　）。

A）字符型数据　　B）布尔型数据

C）时间型数据　　D）日期型数据

49. 下列关于数据类型的说法中，不正确的是（　　）。

A）布尔型数据只有 True（真）和 False（假）两个值

B）日期型数据只用来表示日期

C）变体型数据可以存放任何类型的数据

D）字符型数据有两种形式：变长字符串和定长字符串

50. 数据 12345 是（　　）数据。

A）整型　　B）长整型　　C）字符型　　D）日期型

51. 数据#10/11/2018#是（　　）数据。

A）整型　　B）长整型　　C）字符型　　D）日期型

52. 下列（　　）是正确的日期型数据。

A）@10/12/2018@　　B）#10/12/2018#

C）\10/12/2018\　　D）&10/12/2018&

53. 在表示长整数时，可作为长整数尾部符号的是（　　）。

A）#　　B）!　　C）&　　D）$

54. 以下关于 VB 常量的说法中，正确的是（　　）。

A）常量是指在程序运行中其值可以变化的量

B）常量的数据类型都是数值型的

C）有两种形式的常量：直接常量和符号常量

D）用户不可以自行定义常量

55. 下列符号常量的声明中，不合法的是（　　）。

A）Const Max As Integer=10　　B）Const Pi=3.14

C）Const Xh= " 20180808 "　　D）Const Min=Sqr(16)

56. 下列符号常量的声明中，不合法的是（　　）。

A）Const a As String="Hello"　　B）Const b As Integer=3*5

C）Const c As Long=Abs(-2)　　D）Const Pi=3.14,Max=10

57. 关于变量的命名规则，下列说法中不正确的是（　　）。

A）变量只能由字母、数字或下画线组成

B）变量必须以字母开头

C）组成变量的字符数不得超过 255 个

D）可以用 VB 关键字做变量名

58. 关于变体变量，下列说法中正确的是（　　）。

A）变量未加定义而直接使用，该变量即为变体变量，因而变体变量是无类型变量

B）变体变量占 4 字节的固定存储单元

C）变体变量定义后，系统将变体变量初始化为数值 0 或空字符串

D）变体型数据是一种可变的数据类型，因此变体变量可以存放任何类型的数据

59. 以下各项中可以作为 Visual Basic 变量名的是（　　）。

A）26　　B）int.sum　　C）X5B　　D）5AB

60. 以下各项中可作为 VB 变量名的是（　　）。

A）3*D　　B）PrintChar　　C）Abs　　D）AB&

61. 以下各项中可作为 VB 变量名的是（　　）。

A）Filename　　B）A(A+B)　　C）A+　　D）Print

62. 以下各项中可以作为 VB 变量名的是（　　）。

A）strName　　B）Const　　C）Integer　　D）String

63. 下列哪个符号不能作为 VB 中的变量名？（　　）。

A）ABCDEFG　　B）P000000　　C）89TWDDFF　　D）xyz

64. 下列（　　）是 VB 中的合法变量名。

A）AB7　　B）7AB　　C）IF　　D）A[B]7

65. 以下各项中不能作为变量名的是（　　）。

A）a　　B）B-A　　C）B_A　　D）B_2

66. 以下各项中不能作为 VB 变量名的是（　　）。

A）intMax　　B）IF　　C）int_Max　　D）I_F

67. 在 VB 中，下列哪组中的两个变量名相同？（　　）

A）tota 和 TOTA　　B）total 和 tota2

C）tota 和 to_ta　　D）tota 和 tata

68. 在 VB 中，下列哪组中的两个变量名不同？（　　）

A）intmin 和 intMin　　B）intmin 和 int_min

C）intmin 和 Intmin　　D）intmin 和 INTMIN

69. 表达式 5/2*6 的值是（　　）。

A）15　　B）24　　C）12　　D）0

70. 表达式"XYZ"+"487"的值是（　　）。

A）"XYZ487"　　B）"XYZ"　　C）"48"　　D）"487XYZ"

71. 数学算式 cos45º 写成 VB 表达式是（　　）。

A）Cos45　　B）Cos(45)

C）Cos(45º)　　D）Cos(45*3.14/180)

72. 数学算式 sin25° 写成 VB 表达式是（　　）。

A）Sin25　　B）Sin(25)

C）Sin(25°)　　D）Sin(25*3.14/180)

73. 函数 Int(4.6)的返回值是（　　）。

A）4　　B）5　　C）−4　　D）−5

74. 函数 Int(-4.6）的返回值是（　　）。

A）4　　B）5　　C）−4　　D）−5

75. 函数 Len("123456"）的返回值是（　　）。

A）123　　B）456　　C）123445　　D）6

76. 如果 x 是一个正实数，对 x 的第 3 位小数四舍五入的表达式是（　　）。

A）0.01*Int(x+0.005)　　B）0.01*Int(100*(x+0.005))

C）0.01*Int(100*(x+0.05))　　D）0.01*Int(x+0.05)

77. 表达式 Int(Rnd*5)+1 产生的随机整数的范围是（　　）。

A）[0,6]　　B）[1,6]　　C）[0,5]　　D）[1,5]

78. 假设 A="Good Moming.", B="Afternoon,Boys.", 下列表达式中结果是"Good Boys."的是（　　）。

A）Left(A,5)+Right(B,5）　　B）Right(A,5)+Left(B,5)

C）Mid(A,1,5)+Mid(B,1,6）　　D）Right(A,5)+ Right(B,5)

79. 在 VB 中，要强制用户对所用的变量进行显式声明，可以在（　　）中设置。

A）"属性"对话框　　B）"程序代码"窗口

C）"选项"对话框　　D）对象浏览器

80. 在代码编辑器中，续行符是换行书写同一个语句的符号，用以表示续行符的是（　　）。

A）一个空格加一个下画线“_”　　B）一个下画线“_”

C）一个连字符“-”　　D）一个空格加一个连字符“-”

81. 确定窗体控件启动位置的属性是（　　）。

A）Width 和 Height　　B）Width 或 Height

C）StartUpPositon　　D）Top 和 Left

82. 下列说法中正确的是（　　）。

A）对象的可见性可设为 True 或 False

B）标题的属性值不可设为任何文本

C）属性窗口中属性只能按字母顺序排列

D）某些属性的值可以跳过不设置，系统将自动设为空值

83. 可以在窗体上输出数据的方法是（　　）。

A）Print　　B）Cls　　C）Show　　D）Hide

84. 如果使用 Print 方法将数据输出到窗体上，应先使用（　　）方法，否则输出数据不可见。

A）Print　　B）Cls　　C）Show　　D）Hide

85. 使用 Print 方法输出多个表达式时，各表达式之间用（　　）隔开。

A），　　B）；　　C）:　　D）.

86. 下面叙述中正确的是（　　）。

A）Spc 函数能用于 Print 方法中，也能用于表达式

B）Space 函数能用于 Print 方法中，也能用于表达式

C）Spc 函数与 Space 函数均生成空格，没有区别

D）以上说法都不正确

87. 以下程序段的运行结果是（　　）。

```
Private Sub Form_Click()
  x="abcdef"
  y=Asc("b")-Asc("a")
  z=Len(x)
  Print y,z
End Sub
```

A）1　2　　B）1　6　　C）2　2　　D）2　6

88. 下面的（　　）语句可以实现：先在窗体上输出大写字母 A，然后在同一行的第 10 列输出小写字母 b。

A）Print "A";Tab(9);"b"　　B）Print "A";Tab(10);"b"

C）Print "A";Space(10);"b"　　D）Print "A";Tab(8);"b"

89. 决定控件上文字的字体、字形、字号、效果的属性是（　　）。

A）Text　　B）Caption　　C）Name　　D）Font

90. 在 VB 中通过（　　）属性来设置字体的颜色。

A）FontColor　　B）ClipControl　　C）BackColor　　D）ShowColor

91. 单击窗体上的关闭按钮，将触发（　　）事件。

A）Form_Initialize()　　B）Form_Load()

C）Form_UnIoad()　　D）Form_Click()

92. 如果希望标签在显示的时候具有边框，应该将属性设置为（　　）。

A）将标签的 BorderStyle 属性设置成 1

B）将标签的 Enabled 属性设置成 False

C）将标签的 Borderstyle 属性设置成 0

D）将标签的 BackStyle 属性设置成 1

93. 下列赋值语句中，语法正确的是（　　）。

A）A^2=9　　B）a<b=3　　C）a=b>3　　D）Let a=5,b=10

94. 下面正确的赋值语句是（　　）。

A）x+y=30　　B）pi*r*r=y　　C）y=x+30　　D）x=3y

95. 设 a,b,c 为整型变量，其值分别为 1，2，3，以下程序段的输出结果是（　　）。

```
a=b:b=c:c=a
Print   a;b;c
```

A）123　　B）231　　C）321　　D）232

96. 执行赋值语句 g=123+Mid("123456",3,2)后，变量 g 中的值是（　　）。

A）"12334"　　B）123　　C）12334　　D）157

97. 下面不正确的赋值语句是（　　）。

A）x=30-y　　B）y=r.r　　C）y=x+30　　D）y=x\3

98. 为了给 x，y，z 三个变量赋初值 1，下面正确的赋值语句是（　　）。

A）x=l:y=l:z=l　　B）x=l,y=l,z=l

C）x=y=z=l　　D）xyz=1

99. 运行以下程序段后，输出结果为（　　）。

```
x%=1/4
y%=11/4
Print   x%; y%
```

A）0.25　0.75　　B）0　2　　C）0　3　　D）1　3

100. 以下关于窗体的描述中，错误的是（　　）。

A）执行 Unload Form1 语句后，窗体 Form1 消失，但仍在内存中

B）窗体的事件在加载窗体时发生

C）当窗体的属性为 False 时，通过鼠标和键盘对窗体的操作都被禁止

D）窗体的 Height、Width 属性用于设置窗体的高和宽

101. 如果希望一个窗体在显示的时候没有边框，应该将属性设置为（　　）。

A）将窗体的标题（Caption）属性设成空字符

B）将窗体的 Enabled 属性设置成 False

C）将窗体的 BorderStyle 属性设置成 None

D）将窗体的 ControlBox 属性设置成 False

102. 以下不属于标签属性的是（　　）。

A）Font　　B）Value　　C）Caption　　D）BorderStyle

103. 输入代码时，VB 可以自动检测（　　）错误。

A）语法错误　　B）编译错误　　C）运行错误　　D）逻辑错误

104. 以下能在窗体 Form1 的标题栏中显示"abcd"的语句是（　　）。

A）Form1.Name="abcd"　　B）Form1.Title="abcd"

C）Form1.Caption="abcd"　　D）Form1.Text="abcd"

105. 既可用于输入数据又可用于输出数据的控件是（　）。

A）Label　　B）TextBox　　C）ListBox　　D）OptionButton

106. 如果在文本框中输入字符时用*号显示输入的内容，则应设置文本框的（　　）属性。

A）Caption　　B）PassWordChar　　C）Text　　D）Char

107. 文本框所没有的属性是（　　）。

A）Enabled　　B）Visible　　C）BackColor　　D）Caption

108. 使文本框获得焦点的方法是（　　）。

A）Change　　B）GotFocus　　C）SetFocus　　D）LostFocu

109. 以下能够触发文本框事件的操作是（　　）。

A）文本框失去焦点　　B）文本框获得焦点

C）设置文本框的焦点　　D）改变文本框的内容

110. 如果文本框的 Enabled 属性被设置为 False，则运行时（　　）。

A）文本框中的文本将变成灰色，并且此时用户不能将光标置于文本框上

B）文本框中的文本将变成灰色，用户仍然能将光标置于文本框上

C）文本框中的文本将变成灰色，用户仍然能改变文本框中的内容

D）文本框中的文本正常显示，用户能将光标置于文本框上，但是不能改变文本框中的内容

111. 如果要将文本框设置为只读（不接收输入），应设置（　　）属性为 True。

A）PassWordChar　　B）Text　　C）BackColor　　D）Locked

112. 要使一个文本框具有水平和垂直滚动条，则应先将其 MultiLine 属性设置为 True，然后再将 ScrollBar 属性设置为（　　）。

A）0　　B）1　　C）2　　D）3

113. 为了把焦点移到某个指定的控件，所使用的方法是（　　）。

A）SetFocus　　B）Visible　　C）Refresh　　D）GetFocus

114. 下列属性中，与文本框文本的显示无关的属性是（　　）。

A）BorderStyle　　B）Alignment　　C）MultiLine　　D）Maxlength

115. 使用下列（　　）方式不能让控件获得焦点。

A）通过 Tab 键切换　　B）单击该控件

C）使用 SetFocus　　D）使用键盘上的方向键

116. 要把光标移到文本框 Text1 上以便接收输入数据，正确的语句是（　　）。

A）Text1.LostFocus　　B）Text1.Gotfocus

C）Text1.Setfocus　　D）GotFocus.Text1

117. 用于将屏幕上的对象分组的控件是（　　）。

A）列表框　　B）组合框　　C）标签　　D）框架

118. 在窗体中添加名称为 Commandl 和 Command2 的命令按钮测试文本框 Text1，代码如下：

```
Private Sub Command1_Click()
  Text1.Text="AB"
End Sub
Private Sub Command2_Click()
  Text1.Text="CD"
End Sub
```

首先单击 Command2 按钮，然后再单击 Commandl 按钮，则文本框中显示（　　）。

A）AB　　B）CD　　C）ABCD　　D）CDAB

119. 在窗体（Name 属性为 Form1）中添加两个文本框（其 Name 属性分别为 Text1 和 Text2）和一个命令按钮（Name 属性为 Commandl），然后编写如下事件过程：

```
Private Sub Command1_Click()
  a=Text1.Text+Text2.Text
  Print a
End Sub
Private Sub Form_Load()
  Text1.Text=""
  Text2.Text=""
EndSub
```

程序运行后，在 Text1 和 Text2 中分别输入 12 和 34，然后单击命令按钮，则输出结果为（　　）。

A）12　　B）34　　C）46　　D）1234

120. 在 VB 中，InputBox 函数的默认返回值类型为字符串，用 InputBox 函数输入数值型数据时，下列操作中可以有效防止程序出错的操作是（　　）。

A）在函数 InputBox 前面使用 Val 函数进行类型转换

B）在函数 1nputBox 前面使用 Str 函数进行类型转换

C）在函数 InputBox 前面使用 Value 函数进行类型转换

D）在函数 InputBox 前面使用 String 函数进行类型转换

121. 设有语句 x=InputBox("输入数值","0","示例")，程序运行后，如果从键盘上输入数值 10 并按回车键，则下列叙述正确的是（　　）。

A）变量 x 的值是数值 10

B）在 InputBox 对话框标题栏中显示的是“示例”

C）0 是默认值

D）变量 x 的值是字符串"10"

122 阅读下面的程序段：

```
n1=InputBox("请输入第一个数：")
n2=InputBox("请输入第二个数：")
Print   nl+n2
```

当输入为 111 和 222 时，输出为（　　）。

A）111222　　B）222　　C）333　　D）程序出错

123. InputBox 函数返回值的类型为（　　）。

A）数值型　　B）字符串型

C）变体型　　D）数值或字符串型

124. 用 MsgBox 函数显示的对话框，以下叙述正确的是（　　）。

A）该对话框有一个“确定”按钮

B）该对话框有“是”“否”两个按钮

C）该对话框有“是”“否”“取消”三个按钮

D）该对话框通过选择参数可以得到以上不同的按钮组合

125. 当函数 MsgBox 返回值为 1 时，表示用户进行的操作是（　　）。

A）用户单击了对话框中的“确定”按钮

B）用户单击了对话框中的“取消”按钮

C）用户单击了对话框中的“是”按钮

D）用户单击了对话框中的“否”按钮

126. 执行语句 a=MsgBox("AAAA",,"BBBB")后，所产生的信息框的标题是（　　）。

A）BBBB　　B）空　　C）AAAA　　D）出错

127. 下列叙述不正确的是（　　）。

A）注释语句是非执行语句，仅对程序的有关内容起注释作用，它不被解释和编译

B）注释语句可以放在代码中的任何位置

C）注释语句只能以关键字 Rem 开头

D）代码中加入注释语句的目的是提高程序的可读性

128. VB 提供了结构化程序设计的三种基本结构，它们是（　　）。

A）递归结构、选择结构、循环结构

B）过程结构、输入/输出结构、转向结构

C）顺序结构、选择结构、循环结构

D）选择结构、过程结构、顺序结构

129. 数学表达式：1<x<=2 或 10<=x<15，在 VB 中应写成条件表达式（　　）。

A）x>1 And x<=2 Or x>=10 And x<15

B）x>1 Or x<=2 Or x>=10 Or x<15

C）x>1 Or x<=2 And x>=10 Or x<15

D）x>1 And x<=2 And x>=10 And x<15

130. 选拔身高T超过1.7米且体重小于62千克的人，表示该条件的表达式为(　　)。

A）T<=1.7 And W>=62　　B）T>1.7 Or W<62

C）T>1.7 And W<62　　D）T<=1.7 Or W>=62

131. 下面程序段运行后，显示的结果是（　　）。

```
Dim x
x=1
If x Then Print x Else Print x+1
```

A）1　　B）0　　C）2　　D）显示出错信息

132. 下列关于语句 If x=l Then y=l 的说法正确的是（　　）。

A）x=l 和 y=l 均为赋值语句

B）x=l 为关系表达式，y=l 为赋值语句

C）x=l 和 y=l 均为关系表达式

D）x=l 为赋值语句，y=l 为关系表达式

133. 下面程序段的执行结果为（　　）。

```
Private Sub Form_Click()
  Const pi As Single=3.14
  a%=7
  If a Mod 4>pi Then
    Print "努力"
  Else
    Print "学习"
  End If
End Sub
```

A）努力　　B）学习　　C）出错　　D）无输出

134. 执行下面程序段，显示的结果是（　　）。

```
Dim x
x=Int(Rnd)+4
Select Case x
  Case 5
    Print "优秀"
  Case 4
    Print "良好"
  Case 3
    Print "通过"
  Case Else
    Print "不通过"
End Select
```

A）优秀　　B）良好　　C）通过　　D）不通过

135. 用于将屏幕上对象分组的控件是（　　）。

A）列表框　　B）组合框　　C）标签　　D）框架

136. 用 InputBox 函数设计的对话框，其功能是（　）。

A）只能接收用户输入的数据，但不会返回任何信息

B）能接收用户输入的数据，并能返回用户输入的信息

C）既能用于接收用户输入的信息，又能用于输出信息

D）专门用于输出信息

137. 下面语句正确的是（　　）。

A）If x<3*y And x>y Then y=x^3　　B）If x<3*y And x>y Then y=3x

C）If x<3*y : x>y Then y=x^3　　D）If x<3*y : x>y Then y=x**3

138. 计算 z 的值：当 x 大于 y 时，z=x，否则 z=y。下列语句中错误的是（　　）。

A）If x>=y Then z=x : z=y　　B）If x>=y Then z=x Else z=y

C）z=y : If x>=y Then z=x　　D）If x<=y Then z=y Else z=x

139. 以下程序段运行时从键盘上输入字符“-”，则输出结果为（　　）。

```
op$ =InputBox("op=")
If  op$ ="+"  Then  a=a +2
If  op$="-"  Then  a=a - 2
Print  a
```

A）2　　B）−2　　C）0　　D）+2

140. 若要设置定时器控件定时触发 Timer 事件的时间间隔，可通过（　　）属性来设置。

A）lnterval　　B）Value　　C）Enabled　　D）Text

141. 设置复选框或单选按钮标题对齐方式的属性是（　　）。

A）Align　　B）Style　　C）Sorted　　D）Alignment

142. 为使计时器控件每隔 5s 产生一个计时器（Timer）事件，则应将其 lnterval 属性值设置为（　　）。

A）5　　B）500　　C）10　　D）5000

143. 若要退出 For 循环，可使用的语句为（　　）。

A）Exit　　B）Exit Do　　C）Time　　D）Exit For

144. 下面程序段的作用是（　　）。

```
m=0:n=0
For i=l To 10
  x=Val(InputBox("请输入 x 的值:"))
  If x>0 Then
    m=m+x
  ElseIf x<0 Then
    n=n+1
  End If
```

```
Next i
Print   m,n
```

A）计算从键盘输入的数据之和，并统计输入数据的数目

B）分别计算从键盘输入的正数之和与负数之和

C）分别计算从键盘输入的正数和负数的个数

D）计算从键盘输入的正数之和，并统计负数的个数

145. 若要向列表框添加列表项，可使用的方法是（　　）。

A）Add　　B）Remove　　C）Clear　　D）AddItem

146. 设组合框 Combol 中有 3 个项目，则能删除最后一个项目的语句是（　　）。

A）Combo1.RemoveItemText

B）Combol.RemoveItem2

C）Combo1.RemoveItem3

D）Combo1.RemoveItemCombo1.Listcount

147. 下列控件中，没有 Caption 属性的是（　　）。

A）框架　　B）列表框　　C）复选框　　D）单选按钮

148. 复选框的 Value 属性值为 1 时，表示（　　）。

A）复选框未被选中　　B）复选框被选中

C）复选框内有灰色的勾　　D）复选框操作错误

149. 将数据项“China”添加到列表框 List1 中成为第一项，应使用语句（　　）。

A）List1.AddItem "China",0　　B）List1.AddItem "China",1

C）List1.AddItem0,"China"　　D）List1.AddItem1,"China"

150. 在窗体上添加一个列表框和一个文本框，然后编写如下两个事件过程。

```
Private Sub Form_Load()
  List1.AddItem "357"
  List1.AddItem "246"
  List1.AddItem "123"
  List1.AddItem "456"
EndSub
Private Sub List1_DblClick()
  a=List1.Text
Print a+Text1.Text
EndSub
```

程序运行后，在文本框中输入“789”，然后双击列表框中的“456”，则输出结果为（　　）。

A）1245　　B）456789　　C）789456　　D）0

151. 在窗体上添加一个文本框，然后编写如下事件过程：

```
Private Sub Form_Load()
  For i=1 To 10
```

```
    Sum=Sum+i
  Next i
  Text1.Text=Sum
EndSub
```

上述程序的运行结果是（　　）。

A）在文本框 Text1 中输出 55　　B）在文本框中输出 0

C）出错　　D）在文本框 Text1 中输出不定值

152. 在 Visual Basic 中，组合框是文本框和（　）特性的组合。

A）复选框　　B）标签　　C）列表框　　D）目录列表框

153. 用语句 Dim A(-3 To 5) As Integer 定义的数组的元素个数是（　　）。

A）6　　B）7　　C）8　　D）9

154. 下列数组声明语句中，正确的是（　　）。

A）Dim a(34) As Integer　　B）Dim a(,n) As Integer

C）Dim a(3,4) As Integer　　D）Dim a[3,4] As Integer

155. 有声明语句 Dim b(2,3,2 To 4)，则数组 b 中全部元素的个数是（　　）。

A）36　　B）12　　C）18　　D）24

156. 要定义一个包含有 36 个元素的二维数组 a，下列正确的方法是（　　）。

A）Dim a(6,6)

B）Option Base 1
　　Dim a(6,6)

C）Option 1
　　Dim a(6,6)

D）Option Base2
　　Dim a(7,7)

157. 定义数组 a(1 To 5,5)后，下列数组元素不存在的是（　　）。

A）a(1,1)　　B）a(1,5)　　C）a(0,1)　　D）a(5,5)

158. 下面语句中可以正确地声明一个动态数组的是（　　）。

A）Private a(n) As Integer　　B）Dim a() As Integer

C）Dim a(,) As Integer　　D）Dim a(1 To n)

159. 设有数组定义语句 Dim a(5) As Integer，Listl 为列表框控件。下列给数组元素赋值的语句中错误的是（　　）。

A）a(3)=3　　B）a(3)=Val(InputBox("Input Data"))

C）a(3)=List1.ListIndex　　D）a=Array(l,2,3,4,5,6)

160. 以下有关控件数组的说法错误的是（　　）。

A）控件数组由一组具有共同名称和相同类型的控件组成

B）控件数组中的每一个控件共享同样的事件过程

C）控件数组中的每个元素的下标由控件的 Index 属性指定

D）同一控件数组中的元素只能有相同的属性设置值

161. 在窗体上画 3 个单选按钮，组成一个名为 ChkOption 的控件数组，用于标识数组下标的参数是（　）。

A）Tag　　B）Index　　C）ListIndex　　D）Name

162. 下列叙述中正确的是（　　）。

A）控件数组的每一个成员的 Caption 属性值都必须相同

B）控件数组的每一个成员的 Index 属性值都必须相同

C）控件数组的每一个成员都执行同样的事件过程

D）对已经建立的多个类型相同的控件，这些控件不能组成控件数组

163. 下列关于事件过程的描述错误的是（　　）。

A）事件过程由 VB 自行声明，用户不能增加或删除

B）事件过程不以独立文件出现，而是依附于窗体或控件

C）事件过程的参数可以根据需要进行修改

D）事件过程的名称不能修改，因为 VB 已经作了定义

164. 一个按钮的 Name 属性为 Cmd1，则其单击事件过程的名称应为（　　）。

A）Command1_Click　　B）Cmd1_Click

C）Cmd1_DblClick　　D）Cmdl_MouseDown

165. 一个窗体的 Name 属性是 Form1，当其载入时，发生的事件过程名称应为（　　）。

A）Form1_Load　　B）Form_Load

C）Form1_UnLoad　　D）Form_Initialize

166. 下面是一个窗体的单击事件过程：

```
Private Sub Form_Click ()
  If Commandl.Enabled Then
    Label1.Caption="命令按钮可以使用！"
  Else
    Label1.Caption="命令按钮不可以使用！"
  End If
End Sub
```

该窗体事件的功能是（　　）。

A）判断命令按钮是否可见，以便在标签上显示不同的信息

B）判断命令按钮是否可用，以便在标签上显示不同的信息

C）判断命令按钮是否设置了默认按钮，以便在标签上显示不同的信息

D）If 语句中的条件不合法，不能执行

167. 下面 Change 事件过程中，文本框 Text1 用来接收输入，该事件过程的作用是（　　）。

```
Private Sub Text1_Change()
  Text2.Text=Str(2*3.1416*Val(Textl.Text))
End Sub
```

A）将在文本框 Textl 中输入的数字变为数值

B）将在文本框 Textl 中输入的数字作为半径，求圆的面积并转换为字符串

C）只要 TextI 中的内容一改变，Text2 中显示的圆周长也随之改变

D）事件过程中存在错误，事件过程不能执行

168. 以下关于 Sub 过程的叙述中错误的是（　　）。

A）Sub 过程可以被多次调用

B）Sub 过程属于通用过程

C）Sub 过程中可以嵌套定义 Sub 过程

D）Sub 过程的过程名由用户确定

169. 关于过程，以下描述正确的是（　　）。

A）过程的定义可以嵌套，但过程的调用不能嵌套

B）过程的定义不可以嵌套，但过程的调用可以嵌套

C）过程的定义和过程的调用均可以嵌套

D）过程的定义和过程的调用均不可以嵌套

170. 通用过程可以通过执行“工具”菜单中的（　　）命令来建立。

A）添加过程　　B）通用过程　　C）添加窗体　　D）添加模块

171. Sub 过程与 Function 过程最根本的区别是（　　）。

A）Sub 过程可以使用 Call 语句或直接使用过程名调用，而 Function 过程不可以

B）Function 过程可以有参数，Sub 过程不可以

C）两种过程参数的传递方式不同

D）Sub 过程的过程名不能返回值，而 Function 过程能通过过程名返回值

172. 在过程定义中，Private 表示（　　）。

A）此过程可以被其他过程调用

B）此过程不可以被任何其他过程调用

C）此过程只可以被本工程中的其他过程调用

D）此过程只可以被本模块中的其他过程调用

173. 以下关于函数过程的叙述中，正确的是（　　）。

A）函数过程形参的类型与函数返回值的类型没有关系

B）在函数过程中，过程的返回值可以有多个

C）当数组作为函数过程的参数时，既能以传值方式传递，也能以传址方式传递

D）如果不指明函数过程参数的类型，则该参数没有数据类型

174. 要想调用子过程后通过参数返回两个结果，下面子过程语句中说明合法的是（　　）。

A）Sub f2(ByVal n%, ByVal m%)　　B）Sub f1(n%, ByVal m%)

C）Sub fl(n%, m%)　　D）Sub f1(ByVal n%, m%)

175. 在过程定义中用（　　）表示形参的传值。

A）Var　　B）ByRef　　C）ByVal　　D）Value

176. 假定有以下两个过程：

```
Sub S1(ByVaI x As Integer, ByVal y As Integer)
    Dim t As Integer
    t=x:x=y:y=t
```

```
End Sub
Sub S2(x As Integer, y As Integer)
  Dim t As Integer
  t=x:x=y:y=t
End Sub
```

则以下说法正确的是（　　）。

A）用过程 S1 可以实现交换两个变量值的操作，S2 不能实现

B）用过程 S2 可以实现交换两个变量值的操作，S1 不能实现

C）用过程 S1 和 S2 都可以实现交换两个变量值的操作

D）用过程 SI 和 S2 都不能实现交换两个变量值的操作

177. 表示滚动条控件取值范围最大值的属性是（　　）。

A）Max　　B）LargeChange　　C）Value　　D）Max-Min

178. 下列说法中正确的是（　　）。

A）任何时候都可以使用标准工具栏的“菜单编辑器”按钮打开菜单编辑器

B）只有当代码窗口为当前活动窗口时，才能打开菜单编辑器

C）只有当某个窗体为当前活动窗体时，才能打开菜单编辑器

D）任何时候都可以使用“工具”菜单→“菜单编辑器”命令，打开菜单编辑器

179. 以下叙述中错误的是（　　）。

A）下拉式菜单和弹出式菜单都用菜单编辑器建立

B）在多窗体程序中，每个窗体都可以建立自己的菜单系统

C）除分隔线外，所有菜单项都能接收 Click 事件

D）如果把一个菜单项的 Enabled 属性设置为 False，则该菜单项不可见

180. 设菜单中有一个菜单项为“Open”。若要为该菜单命令设置访问键，即按 Alt+O 组合键时能够执行“Open”命令，则在菜单编辑器中设置“Open”命令的方式是（　　）。

A）把 Caption 属性设置为&Open　　B）把 Caption 属性设置为 O&pen

C）把 Name 属性设置为&Open　　D）把 Name 属性设置为 O&pen

181. 设在菜单编辑器中定义了一个菜单项，名为 menu1。为了在运行时隐藏该菜单项，应该使用的语句是（　　）。

A）menu1.Enabled=True　　B）menu1.Enabled=False

C）menu1.Visible=True　　D）menu1.Visible=False

182. 要使菜单项 MenuOne 在程序运行时失效，使用的语句是（　　）。

A）MenuOne.Visible = True　　B）MenuOne.Visible = False

C）MenuOne.Enabled = True　　D）MenuOne.Enabled = False

183. 下列有关子菜单的说法中，错误的是（　　）。

A）除了 Click 事件之外，菜单项不可以响应其他事件

B）每个菜单项都是一个控件，与其他控件一样也有其属性和事件

C）菜单项的索引号必须从 1 开始

D）菜单的索引号可以不连续

184. 在窗体上画一个通用对话框，其名称为 CommonDialogl，然后画一个命令按钮，并编写如下事件过程：

```
Private SUb Command1_Click()
  CommonDialog1.Flags=cdlOFNHideReadOnly
  CommonDialogl.Filter="All Files(*.*)|  *.* | Text Files"& "(*.txt) |*.txt|Batch Files(*.bat) |*.bat"
  CommonDialog1.FilterIndex=2
  CommonDialogl.ShowOPen
  MsgBox CommonDialogl.filename
End Sub
```

程序运行后，单击命令按钮，将显示一个“打开”对话框，此时在“文件类型”框中显示的是（　　）。

A）All Files(*.*)　　B）Text Files(*.txt)

C）Batch Files(*.Bat)　　D）不确定

185. 在窗体上画一个名称为 TxtA 的文本框，然后编写如下的事件过程：

```
Private Sub TxtA_KeyPress(keyascii as integer)
  ……
End Sub
```

若焦点位于文本框中，则能够触发 KeyPress 事件的操作是（　　）。

A）单击鼠标　　B）双击文本框

C）鼠标滑过文本框　　D）按键盘上的某个键

186. 假定有如下事件过程：

```
Private Sub Form_MouseDown(Button As Integer, Shift As Integer, X As Single, Y As Single)
  If Button=2 Then
    PopupMenu  popForm
  End If
End Sub
```

则以下描述错误的是（　　）。

A）该过程的功能是弹出一个菜单

B）popForm 是在菜单编辑器中定义的弹出式菜单的名称

C）参数 X、Y 指明鼠标的当前位置

D）Button=2 表示按下的是鼠标左键

187. 对象的边框类型由属性（　　）设置。

A）Drawstyle　　B）DrawWidth

C）BorderStyle　　D）ScaleMode

188. 下列（　　）途径在程序运行时不能将图片添加到窗体、图片框或图像框的 Picture 属性。

A）使用 LoadPicture 方法　　B）对象间图片的复制

C）通过剪贴板复制图片　　D）使用拖放操作

189. 设计时添加到图片框或图像框的图片数据保存在（　　）。

A）窗体的 Frm 文件　　B）窗体的 Frx 文件

C）图片的原始文件内　　D）编译后创建的文件

190. 窗体和各种控件都具有图形属性，下列（　　）属性可用于显示处理。

A）DrawStyle，DrawMode　　B）AutoRedraw，ClipControls

C）FillStyle，FillColor　　D）ForeColor，BorderColor

191. 命令按钮、单选按钮、复选框上都有 Picture 属性，可以在控件上显示图片，但需要通过（　　）属性来控制。

A）Appearance　　B）Style　　C）DisablePicture　　D）DownPicture

192. Cls 可清除窗体或图形框中（　　）的内容。

A）Picture 属性设置的背景图案　　B）在设计时放置的控件

C）程序运行时产生的图形和文字　　D）以上全部

193. 下列说明中，不属于随机文件特点的是（　　）。

A）可以随意读取随机文件中任一记录的数据

B）随机文件没有只读或只写的操作方式，随机文件只要一打开，就既可读又可写

C）随机文件的操作是以记录为单位进行的

D）随机文件的读、写操作语句与顺序文件的读写操作语句一样

194. 以下叙述中正确的是（　　）。

A）一个记录中所包含的各个元素的数据类型必须相同

B）随机文件中每个记录的长度是固定的

C）Open 命令的作用是打开一个已经存在的文件

D）使用 Input#语句可以从随机文件中读取数据

195. 以下关于文件的叙述中，错误的是（　　）。

A）顺序文件中的记录一个接一个地顺序存放

B）随机文件中记录的长度是随机的

C）执行打开文件的命令后，自动生成一个文件指针

D）LOF 函数返回给文件分配的字节数

196. 用 Write 和 Print 语句向文件中写入多个数据的差别在于（　　）。

A）Write 语句不会自动在数据项之间插入逗号

B）Print 语句自动在数据项之间插入逗号

C）Write 语句写入字符串时会自动给字符串加上双引号，写入的正数前面没有空格

D）Print 语句写入字符串时会自动给字符串加上双引号，写入的正数前面没有空格

197. 设有语句

```
Open "C:\\Test.Dat" For Output As #1
```

则以下错误的叙述是（　　）。

A）该语句打开 C 盘根目录下一个已存在的文件 Test.Dat

B）该语句在 C 盘根目录下建立一个名为 Test.Dat 的文件

C）该语句建立的文件的文件号为 1

D）执行该语句后，就可以通过 Print#语句向文件 Test.Dat 中写入信息

198. 为了把一个记录型变量的内容写入文件中指定的位置，所使用的语句的格式为（　　）。

A）Get 文件号,记录号,变量名　　B）Get 文件号,变量名,记录号

C）Put 文件号,变量名,记录号　　D）Put 文件号,记录号,变量名

199. 要获得当前驱动器应使用驱动器列表框的（　　）属性。

A）Path　　B）Drive　　C）Dir　　D）Pattern

200. 目录列表框的 Path 属性的作用是（　　）。

A）显示当前驱动器或指定驱动器上的路径

B）显示当前驱动器或指定驱动器上的某目录下的文件名

C）显示根目录下的文件名

D）只显示当前路径下的文件

201. 在窗体上画一个名称为 Drivel 的驱动器列表框和一个名称为 Dirl 的目录列表框。当改变当前驱动器时，目录列表框应该与之同步改变。设置两个控件同步的命令可放在一个事件过程中，这个事件过程是（　　）。

A）Drivel_Change　　B）Drivel_Click

C）Dirl_Click　　D）Dirl_Change

202. 要使文件列表框中的文件随目录列表框中所选择的当前目录的不同而发生变化，应该（　　）。

A）在 File1 中的 Change 事件中，输入 File1.Path=Dir1.Path

B）在 Dir1 中的 Change 事件中，输入 File1.Path=Dir1.Path

C）在 File1 中的 Change 事件中，输入 Dir1.Path=File1.Path

D）在 Dir1 中的 Change 事件中，输入 Dir1.Path=File1.Path

3.2　判断题

1. 方法是对象的一部分。（　　）

2. 方法是一种特殊的过程和函数。（　　）

3. 一个窗体对应一个窗体文件。（　　）

4. VB 中的一个工程只包含一个窗体。（　　）

5. VB 中的一个工程最多可以包含 255 个窗体。（　　）

6. 在 VB 中，不声明而直接使用的变量被系统默认为变体型（Varrant），其默认值为 0。（　　）

7. VB 中变量的首字符必须是字母，后面可以包含空格、句号等字符。（　　）

8. 有下列定义语句：

```
Dim a As Integer, b As Long
Dim c As Single, d As Double
```

则表达式 a*b-d\2+c 的结果的数据类型为双精度型。（　　）

9. X=28，则表达式(X Mod 10)*10+X\10 的结果为 82。（　　）

10. VB 中的对象就是指控件。（　　）

11. 一个符号常量可以赋同一类型的不同值。（　　）

12. 在 VB 中，Integer 是合法的变量名。（　　）

13. 在 VB 中，表示一个日期和时间常量时必须用#号将其括起来。（　　）

14. Len(str(123）+"123")的结果为 6。（　　）

15. 表达式 Val(".123E2AB"）的值为.123。（　　）

16. Date()+4 的功能是计算当前系统日期加上 4 天后的日期。（　　）

17. 在 VB 中，一行只能书写一条语句，同时一条语句也只能书写在一行。（　　）

18. 在 VB 变量名中，字母不区分大小写，所以 al 与 A1 表示的是同一个变量。（　　）

19. 表达式 Not 8<5 Or 9>3 And 7<9 Or 8=6 的值是 False。（　　）

20. 无论程序多么复杂，基本的程序结构只有三种，即顺序结构、选择结构和循环结构。（　　）

21. 为了使下一个输出语句的输出项不换行输出，则应在 Print 方法的尾部加“;”或“,”。（　　）

22. 在 VB 中，具有 Print 方法的对象只有窗体对象。（　　）

23. 在 Print 方法中，Spc 函数和 Tab 函数的作用及用法完全一样。（　　）

24. 使用 Print 方法前，应该先使用 Hide 方法，否则输出数据不可见。（　　）

25. 注释语句 Rem 的作用是用来对程序进行说明或解释的。（　　）

26. 若同时为 x，y，z 变量赋值 5，可以使用语句 x=y=z=5。（　　）

27. 可以将任何类型的数据赋值给变体类型变量。（　　）

28. 一个窗体一定对应一个窗体文件，所以一个应用程序只能包含一个窗体。（　　）

29. UnLoad 语句可以结束程序，或从内存中卸载窗体和控件。（　　）

30. 窗体标题栏显示的文本由窗体对象的 Text 属性决定。（　　）

31. C1s 方法可以清除任何文字、图形及控件。（　　）

32. InputBox 函数可以不带参数调用，而 MsgBox 函数则要求至少带一个参数调用。（　　）

33. 消息对话框 MsgBox 既可当作函数调用，也可当作语句调用，两种方式均可得到返回值。（　　）

34. InputBox 函数接收的数据类型是字符型。（　　）

35. 数组是用一个统一的名字、不同下标表示的，是顺序排列的一组变量。（　　）

36. Dim aa(5) As Integer 与 Dim aa[5] As Integer 都可以定义数组 aa。（　　）

37. 数组元素的下标可以是常数、变量或表达式。（　　）

38. 在 VB 中有两种形式的数组：静态数组和动态数组。（　　）

39. 在 VB 中，只允许使用一维数组和二维数组。（　　）

40. 静态数组中的数组元素个数一旦定义好后，在程序运行过程中不再会发生变化，而动态数组的元素个数则是可变的。（　　）

41. 在 VB 中，Option Base 语句的参数只能是 0 或 1。（　　）

42. 在使用 Dim 语句声明数组时，下标必须是常量，不能是变量；而在引用数组元素时，下标可以是常数、变量或表达式。（　　）

43. Dim aa(5) As Interger 不仅定义数组，为数组分配存储空间，还能将数组元素置为 0。（　　）

44. 引用数组元素时，元素的下标值应在数组说明时所指定的范围之内。（　　）

45. 在同一过程中，数组和简单变量不能同名。（　　）

46. 在 VB 中，动态数组可以在需要时改变大小。（　　）

47. 动态数组在定义时已被分配存储空间。（　　）

48. 某数组声明为布尔型数组，则它们的初始值为 True。（　　）

49. 窗体中需要使用相同类型的控件时，使用控件数组可以简化程序、节省资源。（　　）

50. 在菜单设计中，在程序运行过程中可以增加或减少菜单项。（　　）

51. 如果把一个菜单项的 Enabled 属性设置为 False，则可删除该菜单项。（　　）

52. 弹出式菜单在菜单编辑器中设计。（　　）

53. Sub 过程不能通过其过程名返回值。（　　）

54. 一般情况下，在参数传递过程中，实参与形参的个数必须相等，相应的数据类型可以不相符。（　　）

55. 在用 Call 带参调用 Sub 过程时，必须把参数放在括号里。（　　）

56. 在 Sub 过程中可以嵌套定义 Function。（　　）

57. 在调用过程时，参数的传递有按址和按值两种传递方法。（　　）

58. 事件过程是由用户或系统事件触发的，所以在程序中不能调用事件过程。（　　）

59. 对象的方法和事件过程都可以在 VB 环境中查看并编辑其程序代码。（　　）

60. 在事件驱动的编程机制中，事件过程的执行顺序取决于程序流程。（　　）

3.3　填空题

1. 在面向对象的程序设计中，对象的三要素指属性、方法和__________。

2. 在面向对象的程序设计中，由__________定义其外观特征，由__________定义其行为，由__________定义其与用户的交互。

3. 在面向对象的程序设计中，可以将同类事物抽象为__________，其中所包含的个体称为__________。

4. 在面向对象的程序设计中，对象属性的名称称为属性名，其取值称为__________。

5. 在 VB 中，工具箱中的控件是 VB 预先设计的标准__________，除此之外程序员也可根据需要定义自己的类。

6. 在面向对象的程序设计中，对象的特征称为__________，对象的某种行为称为方法，对象对外界刺激的反应称为事件。

7. 在 VB 中，控件或窗体的属性值可以在程序的设计和程序的__________阶段设置。

8. 若用户单击了窗体 Form1，则此时发生的事件应为__________。

9. VB 对象可以分为两类，分别为预定义对象和__________。

10. 与传统的程序设计语言相比，Visual Basic 最突出的特点是__________。

11. 如果不使用鼠标，用键盘打开菜单和执行菜单命令，第一步应按__________键。

12. 如果希望使用变量 x 来存放数据 765432.123456，应将变量 x 声明为__________类型。

13. 使用声明语句建立一个变量后，VB 自动将数值类型的变量赋初值__________，将布尔型的变量赋__________。

14.__________型数据是用来存储文字信息的。

15. 在 VB 中，字符型数据有两种形式，即__________和__________。

16. 在 VB 中，常用的数值型数据有整型、长整型、单精度和__________。

17. 布尔型数据只有__________和__________两个值。

18. 在 VB 中，日期型数据用两个__________符号括起来，字符型数据用两个__________符号括起来。

19. 在 VB 中，根据常量的表示形式有两种，即__________和__________。

20. 如果 x 是一个正实数，对 x 的第 3 位小数四舍五入的表达式是__________。

21. 下列数据__________是变量，__________是常量，其中__________为字符型常量。

（1）name　（2）"name"　（3）False　（4）ff
（5）"11/16/99"　（6）cj　（7）"120"　（8）n
（9）#11/16/1999#　（10）12.345

22. 表达式(2 + 8 * 3) / 2 的值是__________。

23. 表达式 3^2 + 8 的值是__________。

24. 表达式#11/22/99# −10 的值是__________。

25. 表达式"ZYX" & 123 & "ABC"的值是__________。

26. 设 A = 7, B = 3, C = 4，表达式 A Mod 3 +B^3 / C\5 的值是__________。

27. 表达式"12345" < > "12345" & "ABC"的值是__________。

28. 表达式 Not 2*5< >11 的值是__________。

29. 函数 Int(−3.14159)的值是__________。

30. 函数 Int(Abs(99−100)/2)的值是__________。

31. 表达式 Ucase(Mid("abcdefgh",3,4)）的值是__________。

32. 函数 Lcase("Visual Basic")的值是__________。

33. 用 Dim a as variant 定义的变量 a，其类型是__________。

34. 函数 Len(Lcase("abcDEF"))的值是__________。

35. 表达式 Int(1234.555*100+0.5)/100 的值是__________。

36. 表达式 lnt(−2.8)的值是__________。

37. 表达式 Len(Chr(65)+Chr(66))的值是__________。

38. VB 的 Print 方法具有计算和__________双重功能。

39. Print 方法可用于对象__________、图片框和打印机等。

40. Print 方法可以输出数值表达式和字符串，在输出数值表达式时，将输出数值表达式的结果数值，对于字符串，则会__________。

41. 使用 Print 方法输出多个表达式时，各表达式之间可以使用__________或__________分隔。

42. Print 方法可以使用两个函数 Tab 和__________对输出的位置进行定位。

43. 如果想清除窗体上 Print 方法的输出，可以使用方法__________。

44. 赋值语句在使用时，常常省略关键字__________。

45. 赋值语句除了赋值功能之外，它还具有__________功能。

46. 假定一个文本框的 Name 属性为 Text1，为了在该文本框中显示“Hello!”，应使用语句__________。

47. 假定一个文本框的 Name 属性为 Text1，为了使该文本框获得焦点，应执行的语句是__________。

48. 为了使一个标签具有边框，必须把它的 BorderStyle 属性设置为__________。

49. 执行 Print 18/2*3,-3^2 后，输出结果为__________。

50. 执行 Print 9.4\3.7, 9.4 Mod 3.7 后，输出结果为__________。

51. Label 和 TextBox 控件用来显示和输入文本，如果仅需要让应用程序在窗体中显示文本信息，可使用__________控件；若允许用户输入文本，则应使用__________控件。

52. 要精确地将文本输出到窗体、图片框或打印页上，可以用位置属性__________和__________，分别设定输出位置的横坐标和纵坐标。

53. 当要结束应用程序，或需从内存中卸载窗体（或控件）时，可以使用__________语句。

54. InputBox()函数返回值的数据类型是__________。

55. 执行语句 b=MsgBox("XXX","YYY")后，在消息框中的标题信息是__________。

56. 若要求在文本框中输入密码时，在文本框中显示#号，则应在此文本框的属性窗口中设置__________属性值为#。

57. 使用文本框 TextBox 输入时，文本框可接收字符的个数受__________属性限制。

58. 默认情况下，文本框只能显示单行字符，如果要使其显示多行信息，可以设置

________属性和________属性。

59. 为了使一个窗体从屏幕消失但仍在内存中，所使用的方法为________。

60. 下列程序段的执行结果为________。

```
x=5
y=-6
If Not x>0 Then x=y-3 Else y=x+3
Print   x-y;y-x
```

61. 在条件语句中，条件表达式可以分为两类：________和________。条件表达式的结果为布尔值：________或________。

62. 在 Select Case 语句中，当不止一个 Case 后面的取值与表达式的值相匹配时，只执行第________个与表达式匹配的 Case 后面的语句序列。

63. 单选按钮的 Enabled 属性为 False 时，表示________。复选框的 Value 属性取值为 0 时表示________，取值为 1 时表示________，取值为 2 时表示________。

64. 设 A=5，B=6，C=7，D=8，表达式 3>2*B Or A=C And B>C Or C>D 的值为________。

65. 设 a=6，b=3，c=5，则表达式 Not a>c And c=b Or b<a+c 的值为________。

66. 如果要使时钟控件每一秒发生一个事件，则属性应设置为________。

67. For...Next 循环的<Step>子句默认时，循环变量每次改变的值是________。

68. 循环结构中与 Do While 语句匹配出现的循环结束语句是________。

69. 有如下程序：

```
For i=1 To 3
  For j= 5 To 1 Step -1
    Print i*j
  Next j
Next i
```

程序运行后，语句 Print i*j 的执行次数为________。

70. 执行下面的程序段后，变量 s 的值为________。

```
For i=3 To 5
  i=i+1
  s=s+1
Next i
```

71. 以下程序段的输出结果是________。

```
num=0
While num<=2
  num=num+1
Wend
Print num
```

72. 执行下面的程序段后，x 的值为________。

```
X=5
For I=l To 10 Step2
  X=X+I\5
Next I
```

73. 以下循环的执行次数是__________。

```
K=0
Do While K<=10
  K=K+1
LOOP
```

74. 用于返回列表框中列表项的项目总数的属性是__________。

75. 如果列表框的 ListCount 属性为 10，则列表框的最后一项的 ListIndex 值为__________。

76. 复选框的__________属性决定复选框是否被选中。

77. VB 提供了列表框控件，当列表框中的项目较多、超过了列表框的长度时，系统会自动在列表框边上加一个__________。

78. 将一般窗体转换为 MDI 窗体的子窗体时要把 MDIChild 属性设置为__________。

79. 向列表框中添加一个项目的方法名为__________。

80. VB 中有一种控件具有文本框和列表框的特点，这种控件是__________。

81. 若要求输入密码时文本框中只显示*号，则应在文本框的属性窗口中设置__________属性。

82. 图像框和图片框在使用时有所不同，这两个控件中，能作为容器容纳其他控件的是__________控件。

83. 从列表框中删除一个项目的方法名为__________，删除所有项目的方法名为__________。

84. VB 中有 3 种不同类型的组合框，可通过其__________属性设置。

85. 在窗体上画一个列表框 List1 和一个文本框 Text1，然后编写如下两个事件过程：

```
Private Sub Form_Load()
  List1.AddItem "办公室"
  List1.AddItem "政工部"
  List1.AddItem "财务科"
  List1.AddItem "学生处"
  a=List1.ListCount
  List1.ListIndex=1
  Text1.Text=List1.List(Listl.ListIndex)
End Sub
```

程序运行后，a=__________，Text1.text=__________。

86. 用 Dim(1, 3 to 7,10)声明的是一个__________维数组。

87. 包含多个下标的数组称为__________，二维数组的元素构成一个__________。

88. 根据数组中元素的个数是否可以变化，数组可分为________数组和_______数组。

89. Option Base n 语句定义数组下标的下界，n 只能取__________或__________。

90. 如果一个数组没有指定下标的下界，默认的下界值为__________。

91. 定义动态数组时，应先定义一个不指定__________及__________的空数组，然后通过__________语句建立实际数组。

92. 在使用 ReDim 语句重新定义数组时，为保留原先的数据，应使用__________关键字。

93. 对于数值型数组，各元素的默认值为__________，字符串数组元素的默认值为__________。

94. 控件数组的名称由__________属性指定，控件数组的下标由控件的__________属性指定。

95. 通过 Array 函数对数组进行初始化，数组的类型必须为__________类型。

96. 用语句 Dim A(10) As Integer 定义的数组其最小下标是__________。

97. 控件数组用下标索引值（Index）来标识各个控件，第一个下标值为__________。

98. 设在窗体上有一个文本框 Text1，一个标签数组 Label1，共有 10 个标签，以下程序代码实现在单击任一个标签时将标签的内容添加到文本框现有内容之后。

```
Private Sub Label1_Click(Index As Integer)
    Text1.Text=__________
End Sub
```

99. 在 VB 中，用户自定义的过程称为________，又可分为 ________和__________。

100. 当运行程序时，系统自动执行启动窗体的__________事件过程。

101. 在过程定义时，过程名后面括号中的参数称为__________，简称__________；在调用过程时，过程名后面的参数称为__________，简称__________。

102. 在过程调用中，参数的传递可分为__________传递和__________传递两种方式，其中__________传递方式是默认的。

103. 当实参为常量、表达式时，参数传递的方式为__________，当实参为变量时，默认__________传递参数。

104. 在过程定义中用__________关键字，可以实现形参按值进行传递。

105. PictureBox 控件的 Autosize 属性设置为 True 时，__________能自动调整大小。

3.4 程序分析题

1. 在窗体上画两个文本框和一个命令按钮，然后在代码窗口中编写如下事件过程：

```
Private Sub Command1_Click()
    Text1.Text="Visual Basic Programming"
    Text2.Text=Text1.Text
    Text1.Text="ABCD"
End Sub
```

程序运行后，单击命令按钮，两个文本框中显示的内容分别为____________和____________。

2. 阅读以下程序段，按屏幕显示效果，写出运行结果。

```
Private Sub Form_Click()
  x=2
  y=3
  x=y
  Print "x=";x,
  Print "y=";y
  x=x+1
  Print "x=";x,
  Print "y=";y
End Sub
```

运行结果为____________。

3. 阅读以下程序段，按屏幕显示效果，写出运行结果。

```
A=3
a=a+1
b=a
a=b+1
Print "a=";a, "b=";b
```

运行结果为____________。

4. 阅读以下程序段，按屏幕显示效果，写出运行结果。

```
a=1
b=2
Print a,b
a=a+b
b=a+b
Print a,b
```

运行结果为____________。

5. 下面程序的执行结果为____________。

```
a=95
If  a>60  Then  I=1
If  a>70  Then  I=2
If  a>80  Then  I=3
If  a>90  Then  I=4
Print  ″I=″; I
```

6. 下面程序的执行结果为____________。

```
A=75
If A>60 Then I=1
If A>70 Then I=2
Print  I
```

7. 下面程序的执行结果为__________。

```
A=75
If A>90 then
  I=1
ElseIf A>80 Then
  I=2
ElseIf A>70 Then
  I=3
ElseIf A > 60 Then
  I=4
End If
Print I
```

8. 下面程序的执行结果是__________。

```
x=Int(Rnd)+2
If x^2>8 Then y=x^2+1
If x^2=9 Then y=x^2-2
If x^2<8 Then y=x^3
Print y
```

9. 执行下面程序段后，变量 x 的值是__________。

```
x=100
y=30
If x<y Then x=x-y Else x=y+x
```

10. 下面程序的执行结果是__________。

```
Private Sub Form_Click()
  Dim i
  If i Then Print i Else Print i+1
End Sub
```

11. 下面程序的执行结果是__________。

```
A=Sqr(3)
B=Sqr(2)
C=A>B
Print C
```

12. 在窗体的 MouseUp 事件中有下列程序代码：

```
Select Case Button
  Case 1
    Print "Ok!"
  Case 2
    Print "Hello"
  Case 4
    Print "Welcome"
End Select
```

运行此程序，当单击鼠标右键时，窗体显示__________。

13. 若你的工资为 2800 元，则该程序的输出结果为__________。

```
Private Sub Form_Click()
  Dim x As Currency,y As Currency
  x=Val(InputBox("输入你的工资数目","交税计算窗口",1000))
  If x < = 1000 Then
    y=0
  ElseIf x < = 2000 Then
    y=x*0.1
    Print "你应该缴纳"&y&"元税金"
  ElseIf x<=3000 Then
    y=x*0.2
    Print "你应该缴纳"&y&"元税金"
  Else
    y=x*0.3
    Print "你应该缴纳"&y&"元税金"
  End If
End Sub
```

14. 下面程序的执行结果为__________。

```
x=Int(Rnd()+4)
Select Case   x
  Case 5
    Print "excellent"
  Case 4
    Print "good"
  Case 3
    Print "pass"
  Case Else
    Print "fail"
End   Select
```

15. 当 a=l，b=3，c=5，d=4 时，执行下面一段程序后，x 的值为__________。

```
If a<b Then
  If c<d Then
    x=1
  Else
    x=2
  End If
Else
  If c<d Then
    x=3
  Else
    x=4
```

```
    End If
End If
```

16. 执行如下程序段时，从键盘输入-5，输出的结果是__________。

```
x=-5
s=Val(InputBox("请输入 s 的值:"))
Select Case s
  Case Is>0
    y=x+1
  Case Is=0
    y=x+2
  Case Else
    y=x+3
End Select
Print x;y
```

17. 有如下程序，运行后输出的结果是__________。

```
Private Sub Form_Click()
  a=4
  If a<=3 Then
    b=a
  End If
  If a<=4 Then
    b=a+l
  End If
  If a<=5 Then
    b=a+2
  End If
  Print a;b
End Sub
```

18. 下面程序段的执行结果为__________。

```
a=5
For k=1 To 0
  a=a + k
Next k
Print k;a
```

19. 下面程序段的循环结构执行后，i 的输出值是__________。

```
Dim y As lnteger
For i=1 To 10 Step 2
  y=y+i
Next i
Print i
```

20. 以下程序段的运行结果是__________。

```
Private Sub Form_Click()
  Dim s As Long, f As Long
  Dim n As Integer, i As Integer
  f=1
  n=4
  For i=1 To n
    f=f*i
    s=s+f
  Next i
  Print "s=";s
End Sub
```

21. 如果从键盘输入的数据依次是 1、2、3、4、5、6、7、8、9、10，下面程序段的运行结果是__________。

```
For i=l To 10
  x=Val(InputBox("请输入 x 的值:"))
  If x/3=Int(x/3) Then
    s=s+x
  End If
Next i
Print "s=";s
```

22. 以下程序段运行后，输出字符的排列顺序是__________。

```
For i=l To 6
  If i Mod 2 = 0 Then
    Print "#" ;
  Else
    Print "*"
  End If
Next i
```

23. 以下程序段的运行结果是__________。

```
Private Sub Form_Click()
  Dim i As lnteger,X As String,Y As String
  X="ABCDEFG"
  For i = 4 To 1 Step -1
    Y=Y+Mid(X,i,1)
  Next i
  Print Y
End Sub
```

24. 以下程序段的运行结果是__________。

```
Private Sub Form_Click()
  Dim b As lnteger,k As lnteger
  b=1
  For k=1 To 5
```

```
    b=b*k
    If b>=15 Then
      Exit For
    End If
  Next k
  Print k,b
End Sub
```

25. 下列程序中，语句 a=a-l 执行的次数是__________。

```
a=0
For b=l To−2 Step−1
  a=a−l
Next b
```

26. 下列程序中，s=s+j 语句共执行了__________次。

```
Dim s AS Integer
Dim i As Integer,j As Integer
For i=1 To 10 Step 2
  For j=1 To 5 Step 2
    s=s+j
  Next j
Next i
Print s
```

27. 以下程序段执行后，变量 x 的值为__________。

```
For i=1 To 5
  For j=l To 5
    x=x+1
  Next j
Next i
Print x
```

28. 以下程序段的执行结果是__________。

```
For x=l To 2
  a=0
  For y=1 To x+1
    a=a+l
  Next y
  Print a;
Next x
```

29. 以下程序段的执行结果是__________。

```
n=0
For i=0 To 1
  For j=0 To 1
    n=n+l
  Next j
```

```
Next i
Print n
```

30. 以下程序段的执行结果是__________。

```
For i= 1 To 4
  x=2
  For j=1 To 3
    x=1
    For k=l To 2
      x=x+3
    Next k
  Next j
Next i
Print x
```

31. 在窗体上画一个名称为 Commandl 的命令按钮和一个名称为 Textl 的文本框，然后编写如下事件过程：

```
Private Sub Commandl_Click()
  n=Val(Textl.Text)
  For i=2 To n
    For j=2 To Sqr(i)
        If i Mod j=0 Then Exit For
    Next j
    If j>Sqr(i) Then Print i
  Next i
End Sub
```

该事件过程的功能是__________。

32. 下面程序段的执行结果是__________。

```
a=3
b=1
For I=1 To 3
  f=a+b
  a=b
  b=f
  Print f ;
Next I
```

33. 下面程序段的执行结果是__________。

```
I=9
x=5
Do
  I=I+1
  x=x+2
Loop Until I >=7
```

```
Print "I="; I;
Print "x="; x
```

34. 以下程序段的执行结果是__________。

```
Private Sub Form_Click()
  a=1
  b=a
  Do Until a>=5
    x=a*b
    Print Str(a)&"*"&Str(b)&"=";Str(x)
    a=a+b
    b=b+a
  Loop
End Sub
```

35. 以下程序段的执行结果是__________。

```
a=10: y=0
Do
  a=a+2
  y=y+a
  If y>20 Then
    Exit Do
  End If
Loop While a<=14
Print "a=";a,"y=";y
```

36. 以下程序段的执行结果是__________。

```
j=l:n=0
Do While n<3
  j=j*(j+1)
  n=n+l
Loop
Print n,j
```

37. 执行下列程序段后，输出的结果是__________。

```
For k1=0 To 4
  y=20
  For k2=0 To 3
    y=10
    For k3=0 To 2
      y=y + 10
    Next k3
  Next k2
Next k1
Print y
```

38. 在窗体上画一个命令按钮，然后编写如下事件过程：

```
Private Sub Command1_Click()
  x=0
  Do Until x=-1
    a=InputBox("请输入 A 的值")
    a=Val(a)
    b=InputBox("请输入 B 的值")
    b=Val(b)
    x=InputBox("请输入 X 的值")
    x=Val(x)
    a=a+b+x
  Loop
  Print a
End Sub
```

程序运行后，单击命令按钮，依次在输入对话框中输入 5、4、3、2、1、-1，则输出结果为__________。

39. 分析下面的程序，该程序实现的功能是在列表框中输出__________之间的所有素数。

```
Private Sub Command1_Click( )
  For n = 1001 To 1100 Step 2
    s = 0
    For i = 2 To Int(Sqr(n))
      If n Mod i = 0 Then
        s = 1
        Exit For
      End If
    Next
    If s = 0 Then List1.AddItem n
  Next
End Sub
```

40. 阅读程序：

```
Option Base 1
Dim arr() As Integer
Private Sub Form_Click()
  Dim i As Integer , j As Integer
  ReDim arr(3,2)
  For i=1 To 3
    For j=1 To 2
      arr(i,j)=i*2+j
    Next j
  Next i
```

```
    ReDim Preserve arr(3,4)
    For j=3 To 4
      arr(3,j)=j+9
    Next j
    Print arr(3,2)+arr(3,4)
End Sub
```

程序运行后，单击窗体，输出结果为__________。

41. 在窗体上画一个名称为 Command1 的命令按钮，然后编写如下程序：

```
Option Base 1
Private Sub Command1_Click()
    Dim c As Integer , d As Integer
    d=0
    c=6
    x=Array(2,4,6,8,10,12)
    For i=1 To 6
        If x(i)>c Then
            d=d+x(i)
            c=x(i)
        Else
            d=d-c
        End If
    Next i
    Print d
End Sub
```

程序运行后，如果单击命令按钮，则在窗体上输出的内容为__________。

42. 以下程序段的输出结果为__________。

```
Dim i , a(10) , p(3)
k=5
For i=0 To 10
    a(i) =i
Next i
For i =0 To 2
    p(i)=a(i*(i+1))
Next i
For i=0 To 2
    k=k + p(i) * 2
Next i
Print k
```

43. 在窗体上添加一个命令按钮和一个文本框，然后编写如下事件过程：

```
Private Sub Command1_Click()
    Dim arr(5) As Variant
```

```
    For i=1 To 5
      arr(i)=i
    Next i
    n=10
    Text1.Text=n+arr(5)
  End Sub
```

程序运行时，单击命令按钮，则文本框中显示的内容是__________。

44. 以下程序的运行结果是__________。

```
  Private Sub Command1_Click()
    Dim a(l To 4) As Integer
    For i=1 To 4
      a(i)=i+5
      Print a(i);
    Next i
  End Sub
```

45. 以下程序段的运行结果是__________。

```
  Private Sub Command1_Click()
    Const n=4
    Dim xx(n) As Integer
    For i=1 To n
      xx(i)=i*2
      Print xx(i);
    Next i
  End Sub
```

46. 在窗体上画一个名称为 Textl 的文本框和一个名称为 Commandl 的命令按钮，然后编写如下事件过程：

```
  Private Sub Commandl_Click()
     Dim arrayl(10,10)As Integer
     Dim i As Integer,j As Integer
     For i=1 To 3
        For j=2 To 4
          arrayl(i,j)=i+j
        Next j
     Next i
     Textl.Text=arrayl(2,3)+arrayl(3,4)
  End Sub
```

程序运行后，单击命令按钮，在文本框中显示的值是__________。

47. 设有如下程序：

```
  Private Sub Form_Click()
    Dim a(10),p(3) As Integer
    k=5
    For i=1 To 10
```

```
      a(i)=i
    Next i
    For i=1 To 3
      p(i)=a(i*i)
    Next i
    For i=1 To 3
      k=k+p(i)*2
    Next i
    Print k
  End Sub
```

程序运行后，单击窗体，则在窗体上显示的是__________。

48. 在窗体上画一个命令按钮（其 Name 属性为 Command1），编写如下代码：

```
  Option Base 1
  Private Sub Command1_Click()
    Dim a
    s=0
    a=Array(1,2,3,4)
    j=1
    For i=4 To 1 Step-1
      s=s+a(i)*j
      j=j*10
    Next i
    Print s
  End Sub
```

运行上面的程序，单击命令按钮，其输出结果是__________。

49. 在窗体上画一个名称为 Command1 的命令按钮，编写如下程序：

```
  Option Base 1
  Private Sub Command1_Click()
    Dim a As Varrant
    a=Array(l,2,3,4,5）
    sum=0
    For i=1 To 5
      sum=sum+a(i)
    Next i
    x=sum/5
    For i=1 To 5
      If a(i)>x Then Print a(i);
    Next i
  End Sub
```

程序运行后，单击命令按钮，在窗体上显示的内容是__________。

50. 下列程序运行后，输出的结果是__________。

```
Private Sub Command1_Click()
  Sum=0
  For k=3 To 5
    Call Multi(k,s)
    Sum=Sum+s
  Next k
  Print Sum
End Sub
Private Sub Multi(k,s)
  s=1
  For j=1 To k
    s=s*j
  Next j
End Sub
```

51. 下面程序的运行结果是__________。

```
Private Sub Command1_Click()
  y=10
  Print fnt(1+fnt(fnt(fnt(y)))*10)
End Sub
Private Function fnt(x)
  fnt=l/x
End Function
```

52. 假定有以下函数过程：

```
Function func(a As Integer,b As Integer) As Integer
  func=a+b
End Function
```

在窗体上添加一个命令按钮，然后编写如下事件过程：

```
Private Sub Command1_Click()
  P=func(10,20)
  Print p;
End Sub
```

程序运行时，单击命令按钮后得到的结果是__________。

53. 单击命令按钮时，下面程序的执行结果是__________。

```
Private Sub Command1_Click()
  Dim a As Integer,b As Integer,c As Integer
  a=2:b=3:c=4
  Print P2(c,b,a)
End Sub
Pnvate Function P1(x As Integer,y As Integer,z As Integer)
  P1=2*x+y+3*z
End Function
```

```
Pnvate Function P2(x As Integer,y As Integer,z As Integer)
  P2=P1(z,x,y)+x
End Function
```

54. 在窗体上画一个名称为 Textl 的文本框和一个名称为 Commandl 的命令按钮，然后编写如下事件过程和通用过程。

```
Private Sub Commandl_Click()
  n=Val(Textl.Text)
  If n\2=n/2 Then
     f=fl(n)
  Else
     f=f2(n)
  End If
  Print f;n
End Sub
Public Function fl(ByRef   x)
  x=x*x
  fl=x+x
End Function
Public Function f2(ByVal   x)
  x=x*x
  fl=x+x+x
End Function
```

程序运行后，在文本框中输入 6，然后单击命令按钮，窗体上显示的是__________。

55. 在窗体上画一个名称为 Commandl 的命令按钮，然后编写如下通用过程和命令按钮的事件过程。

```
Private Function f(m As Integer)
  If m Mod 2=0 Then
    f=m
  Else
    f=1
  End If
End Function
Private Sub Commandl_Click()
  Dim i As Integer
  s=0
  For i=1 TO 5
    s=s+f(i)
  Next i
  Print s
End Sub
```

程序运行后，单击命令按钮，在窗体上显示的是__________。

56. 设有以下函数过程：

```
Function fun(m As Integer)As Integer
  Dim k As Integer , sum As Integer
  sum=0
  For k=m To 1 Step-2
    sum=sum+k
  Next k
  fun=sum
End Function
```

若在程序中用语句 s=fun(10)调用此函数，则 s 的值为__________。

57. 设有如下通用过程：

```
Public Function f(x As Integer)
  Dim y As Integer
  x=20
  y=2
  f=x*y
End Function
```

在窗体上画一个名称为 Command1 的命令按钮，然后编写如下事件过程：

```
Private Sub Command1_Click()
  Staic x As Integer
  x=10
  y=5
  y=f(x)
  Print x ; y
End Sub
```

程序运行后，如果单击命令按钮，则在窗体上显示的内容是__________。

58. 在窗体上画一个名称为 Command1 的命令按钮，然后编写如下事件过程：

```
Private Sub Command1_Click()
  Static y As Integer
  Cls
  For i=0 To 2
    X=X+y
    y=y+3
  Next
  Print x , y
End Sub
```

程序运行后，连续二次单击 Command1 按钮后，窗体上显示的是__________。

3.5 程序改错题

1. 下面程序是已知圆的半径 r，求圆面积 S。程序中有 2 处错误，请指出行并改正。

```
Private Sub Form_Load( )
    Show
    Const pi = 3.1415926
    Dim r As Single, S As Single
    r = InputBox("输入半径：", "计算圆面积", "10")
    S = pi * r ^ 2
    Print "圆面积："; r
End Sub
```

2. 下面程序求一元二次方程 $ax^2+bx+c=0$ 的根。程序中有 2 处错误，请指出行并改正。

```
Private Sub Command1_Click( )
    Dim a As Single, b As Single, c As Single
    Dim sb As Single, xb As Single, re As Single
    a = Val(Text1.Text)
    b = Val(Text2.Text)
    c = Val(Text3.Text)
    If a≠0 Then
      delta = b ^ 2 – 4 * a * c
      re = –b / (2 * a)
      If delta > 0 Then
        sb = Sqr(delta) / (2 * a)
        Label2.Caption = "方程有两个实根"
        p1 = "x1 = " & Str(re + sb)
        p2 = "x2 = " & Str(re – sb)
        Label3.Caption = p1 & Chr(13) & p2
      ElseIf delta = 0 Then
        Label2.Caption = "方程有两个相等实根"
        Label3.Caption = "x1 = x2 = " & Str(re)
      Else
        xb = Sqr(–delta) / (2 * a)
        Label2.Caption = "方程有两个虚根"
        p1 = "x1 = " & Str(re) & "+" & IIf(xb = 1, "", Str(xb)) & "i"
        p2 = "x2 = " & Str(re) & "–" & IIf(xb = 1, "", Str(xb)) & "i"
        Label3.Caption = p1 & Chr(13) & p2
      End If
    Else
      If b < > 0 Then                    ' 方程仅有一个根
        ygz = –b / c
```

```
        Label2.Caption = "方程仅有一个根"
        Label3.Caption = "x=" & Str(ygz)
    Else                                    ' 方程无意义
        Label2.Caption = "方程无意义！"
        Label3.Caption = ""
    End If
End Sub
```

3. 下面程序实现对输入字符进行大小写字母转换。转换规则为：将其中的大写字母转换成小写字母，小写字母转换成大写字母，空格不转换，其余转换成“*”。程序中有 2 处错误，请指出并改正。

```
Private Sub Text1_KeyPress(KeyAscii As Integer)
  Dim aa As String * 1
  aa = Chr$(KeyAscii)
  Select Case aa
    Case "A" To "Z"
      aa = Chr$(KeyAscii + 32)
    Case "a" To "z"
      aa = Chr$(KeyAscii – 32)
    Case " "
      aa = " "
    Else
      aa = "*"
  End Case
  Text2.Text = Text2.Text & aa
End Sub
```

4. 下面程序实现输入初始值，输出 100 个不能被 3 整除的数。程序中有 2 处错误，请指出并改正。

```
Private Sub Form_Activate( )
  Text2.SetFocus
End Sub

Private Sub Command1_Click( )
  Dim x As Integer, n As Integer
  x = Val(Text2.Text): n = 1
  Do Until n > 100
    If x Mod 3 < > 0 Then
      Text1.Text = Text1.Text & Str(x) & Chr(13) & Chr(10)
      n = 1
    End If
    x = x + 1
  End Do
End Sub
```

5. 设 $s = 1^1 \times 2^2 \times 3^3 \times \cdots \times n^n$，求 s 不大于 400 000 时最大的 n 值。程序中有 2 处错误，请指出并改正。

```
Private Sub Command1_Click( )
  Dim n As Integer, s As Long
  Print " n", " s"
  Print
  n = 1
  s = 1
  Do While s > 400000
    n = n + 1
    t = 1
    For i = 1 To n
      t = t * n
    Next
    s = t
    Print n, s
  Loop
  Label2.Caption = "n = " & Str(n – 1)
End Sub
```

6. 设有一张厚为 x 毫米且面积足够大的纸，求对折多少次后，其厚度可达珠穆朗玛峰的高度（8 848 米）。程序中有 2 处错误，请指出并改正。

```
Private Sub Command1_Click( )
  n = 0
  h = Text1.Text
  Do While h < 8848000
    n = n + 1
    h = h + 1
  End Loop
  Text2.Text = n
End Sub
```

7. 利用随机函数模拟投币结果。设共投币 100 次，求“两个正面”“两个反面”“一正一反”三种情况各出现多少次。程序中有 2 处错误，请指出并改正。

```
Private Sub Command1_Click( )
  Dim a(1, 1)
  Dim n As Integer
  n = Val(InputBox("n=", "请输入投币次数"))
  Label1.Caption = "投币次数：" & n
  Randomize Timer
  For i = 1 To n
    n1 = Int(Rnd * 2)
    n2 = Int(Rnd * 2)
    a(n1, n2) = a + 1
```

```
    Next i
    Cls
    Print Tab(10); "两个正面的次数为:"; a(0, 0)
    Print Tab(10); "两个反面的次数为:"; a(1, 1)
    Print Tab(10); "一正一反的次数为:"; a(0, 1)
End Sub
```

8. 编写应用程序，输入两个数，根据不同运算符计算结果。程序界面如图 3-1 所示，程序中有 2 处错误，请指出并改正。

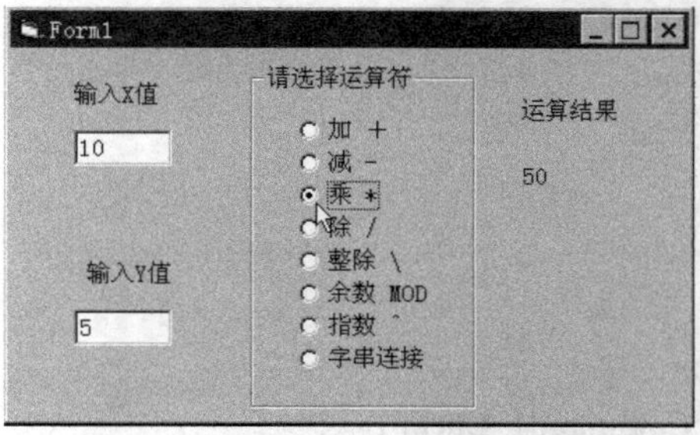

图 3-1　不同运算

```
Private Sub Option1_Click(Index As Integer)
    Dim x As Single, y As Single
    x = Val(Text1.Text)
    y = Val(Text2.Text)
    Select Case i
      Case 0
        Label4.Caption = x + y
      Case 1
        Label4.Caption = x – y
      Case 2
        Label4.Caption = x * y
      Case 3
        Label4.Caption = x / y
      Case 4
        Label4.Caption = X \ Y
      Case 5
        Label4.Caption = x Mod y
      Case 6
        Label4.Caption = x ^ y
      Case Else
        Label4.Caption = x - y
    End Select
End Sub
```

9. 编写判断奇偶数函数的过程。输入一个整数，判断其奇偶性。程序界面如图 3-2 所示，程序中有 2 处错误，请指出并改正。

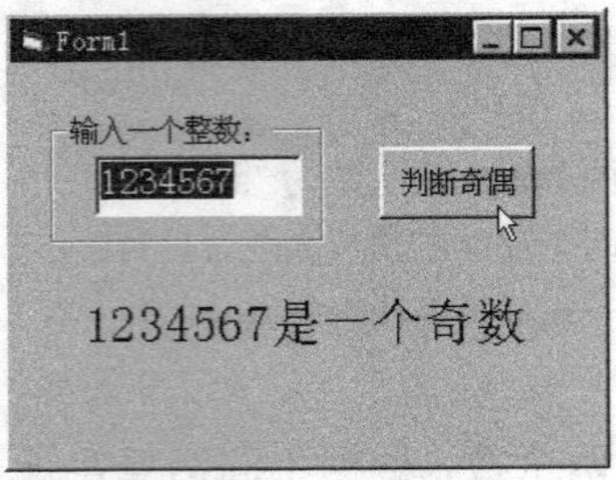

图 3-2　判断奇偶数

```
Private Function Even(x As Long) As Boolean
  If x/2 = 0 Then
    Even = True
  Else
    Even = False
  End If
End Function
Private Sub Command1_Click( )
  Dim n As Long
  n = Val(Text1.Text)
  p = IIf(Even(n), "偶数", "奇数")
  Label1.Caption = n & "是一个" & p
  Text1.SetFocus
  Text1.SelStart = 0
  Text1.SelLength = Text1.Text
End Sub
```

10. 利用函数过程求 1～6 的阶乘之和。程序中有 2 处错误，请指出并改正。

```
Function fact(x As Integer) As Long
  Dim p As Long, i As Integer
  p = 1
  For i = 1 To x
    p = p * i
  Next i
  fact
End Function
Private Sub Command1_Click( )
  Dim sum As Long, i As Integer
  For i = 1 To 6
    sum = sum + fact
  Next i
  Label2.Caption = sum
End Sub
```

11. 编写函数过程返回指定字符长度的字符串，实现在窗体上输出如图 3-3 所示的图形。程序中有 2 处错误，请指出并改正。

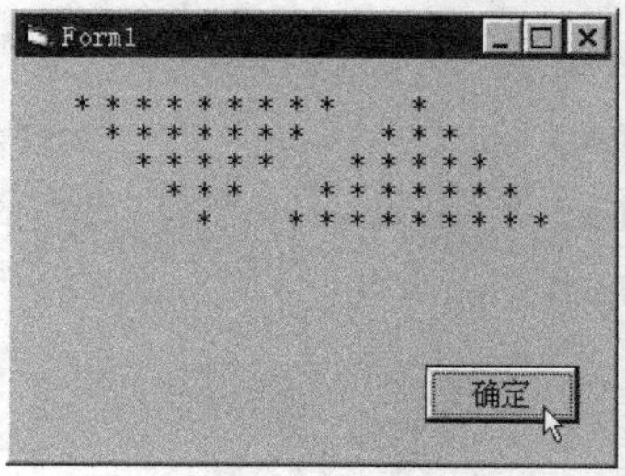

图 3-3　输出图形

```
Private Function stri(n As Integer, f As String)
  p = ""
  For i = 1 To n
    p = p & " " & f
  Next
  stri = p
End Function
Private Sub Command1_Click( )
  Dim f As String * 1
  f = InputBox("显示的字符:", "请输入", "*")
  If f = "" Then f = "*"
  Cls
  Print
  For n = 1 To 4
    Print Tab(2*n+2);
    Print stri(11–2*n, f);
    Print Spc(4);
    Print stri(n–1, f );
    Print
  Next
End Sub
```

3.6　程序填空题

1. 已知平面坐标系中两点的坐标，求两点间的距离。由数学知识可知，已知两点坐标（x_A,y_A）、（x_B,y_B），求两点间距离的计算公式为

$$s=\sqrt{(x_B-x_A)^2+(y_B-y_A)^2}$$

程序代码如下，请补充完整。

```
Private Sub Command1_Click( )
  Dim xa As Single, xb As Single
  Dim ya As Single, yb As Single
  Dim s As Single
```

```
    xa = Val(Text1.Text)
    ya = Val(Text2.Text)
    xb = Val(Text3.Text)
    yb = Val(Text4.Text)
    s = ______(1)______
    Label6.Caption = ______(2)______
End Sub
```

2. 下面程序是在文本框中输入 3 种商品的单价、购买数量，需要计算并输出所用的总金额。假设第一种商品的单价和购买数量分别是 a1 和 a2，第二种商品的单价和购买数量分别是 b1 和 b2，第三种商品的单价和购买数量分别是 c1 和 c2，所用总金额为 x。通过 TextBox 控件输入这 3 种商品的单价、购买数量，然后利用公式 x = a1*a2+b1*b2+c1*c2 进行计算，最后在文本框 Text7 中输出 x 的值。程序代码如下，请补充完整。

```
Private Sub Command1_Click( )
    Dim a1 As Single, b1 As Single, c1 As Single
    Dim a2 As Integer, b2 As Integer, c2 As Integer
    ______(1)______
    a1 = Val(Text1.Text)
    a2 = Val(Text2.Text)
    b1 = Val(Text3.Text)
    b2 = Val(Text4.Text)
    c1 = Val(Text5.Text)
    c2 = Val(Text6.Text)
    x = a1 * a2 + b1 * b2 + c1 * c2
    ______(2)______
End Sub
```

3. 下面程序是在文本框中输入弧度值，将弧度换算为角度值（度、分、秒）的形式后输出。如弧度值为 1.474919573，化为角度值的方法为：

（1）先将弧度值变成十进制数，即 1.474 919 573×(180/π) = 84.506 666 65；

（2）去掉整数部分 84，余 0.506 666 65；

（3）0.506 666 65×60 = 30.399 999；

（4）去掉 30，余 0.399 999；

（5）0.399 999×60 = 23.999 94≈24；

（6）最后将 84, 30, 24 拼接成 84° 30' 24"。

假设某弧度值为 x，角度值为 y。程序代码如下，请补充完整。

```
Private Sub Command1_Click( )
    ______(1)______
    Dim x As Single, a As Single, a1 As Single
```

```
    Dim d As Integer, f As Integer, m As Integer
    Dim y As String
    x = Val(Text1.Text)
    a = x * (180 / pi)
    d = Fix(a)
    ____（2）____
    f = Fix(a1)
    m = Fix((a1 – f) * 60 + 0.5)
    y = Str(d) & "°  " & Str(f) & "′  " & Str(m) & "″ "
    Label1.Caption = y
End Sub
```

4. 给定年份，下列程序用来判断该年是否是闰年，请补充完整。

```
Sub   YN()
    Dim   x   As   Integer
    x=InputBox("请输入年号")
    If   (x Mod 4=0  ____（1）____  x Mod 100 < > 0)  ____（2）____  (x Mod 400=0)
Then
      Print   "是闰年"
    Else
      Print   "不是闰年"
    End If
End Sub
```

5. 下面程序将个人资料输入界面，使用单选钮组输入性别与民族，用复选框输入个人爱好。程序代码如下，请补充完整。

```
Private Sub Command1_Click( )
    If Text1.Text = "" Then
      a = InputBox("您忘了输入姓名！ ", "注意", "请在此输入姓名")
      If a = "" Or a = "请在此输入姓名" Then____（1）____
      Text1.Text = a
    ____（2）____
    p1 = Text1.Text + "，  "
    p2 = IIf(Option1, "男", "女") + "，  "
    p3 = IIf(Option3, "汉族", "少数民族")
    p4 = "，喜欢："
    If Check1.Value = 1 Then p4 = p4 + Check1.Caption + "、 "
    If Check2.Value = 1 Then p4 = p4 + Check2.Caption + "、 "
    If Check3.Value = 1 Then p4 = p4 + Check3.Caption + "、 "
    If Check4.Value = 1 Then p4 = p4 + Check4.Caption + "、 "
```

```
    aa = p1 + p2 + p3 + IIf(p4 = ",喜欢:", ",无爱好。", p4)
    Label4.Caption = Left(aa, Len(aa) - 1) + "。"
    Text1.SetFocus
End Sub
```

6. 下面程序利用文本框检查用户口令，请将程序代码补充完整，程序界面如图 3-4 所示。

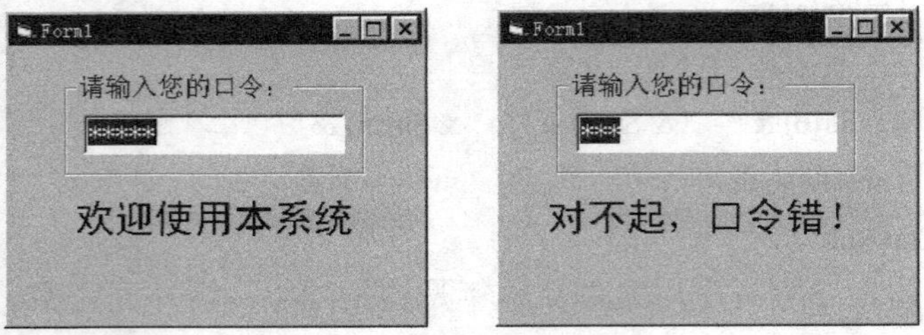

图 3-4　检查用户口令

```
Private Sub Text1_KeyPress(KeyAscii As Integer)
  If KeyAscii = 13 Then
    If LCase(Text1.Text) = "abcde" Then
        Label1.Caption = "欢迎使用本系统"
    Else
        Label1.Caption = "对不起，口令错！"
    End If
    Text1.______(1)______ = 0
    Text1.SelLength = ______(2)______
  End If
End Sub
```

7. 设计一个计时器，能够设置倒计时的时间，并进行倒计时。如图 3-5（a）所示，输入时间后按“开始”按钮，即开始倒计时。计时结束后将弹出对话框，如图 3-5（b）所示。程序代码如下，请补充完整。

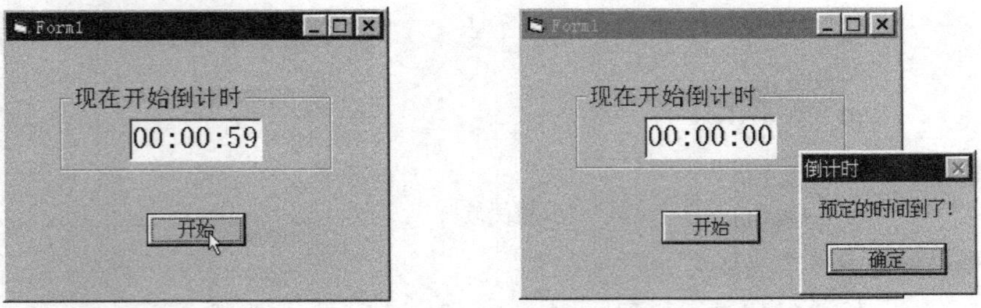

（a）　　（b）

图 3-5　倒计时器

```
Private Sub Command1_Click( )
  Timer1.Enabled = True
  Timer1.Tag = Text1.Text * 60
  Frame1.Caption = "现在开始倒计时"
End Sub

Private Sub Timer1_Timer( )
  Timer1.Tag = Timer1.Tag – 1
  m = ______(1)______
  If m < 0 Then
    Timer1.Enabled = False
    MsgBox "预定的时间到了!", 0, "倒计时"
    Frame1.Caption = "请输入计时的分钟数:"
    Text1.Text = 0
    ______(2)______
  End If
  n1 = Format(m Mod 60, "00")
  n2 = Format((m \ 60) Mod 60, "00:")
  n3 = Format(m \ 3600, "00:")
  Text1.Text = n3 & n2 & n1
End Sub
```

8. 以下程序的功能是：从键盘上输入若干个数字，当输入负数时结束输入，统计出若干数字的平均值并输出结果。程序代码如下，请补充完整。

```
Private Sub Form_Click()
  Dim x , y As Single , z As Integer
  X=InputBox("Enter a score")
  Do while ______(1)______
    y=y+x
    z=z+1
    x=InputBox("Enter a score")
  Loop
  If z=0 Then
    z=1
  End If
  y= ______(2)______
  Print y
End Sub
```

9. 补充下面的程序代码，求 $s = 1 + (1 + 2) + (1 + 2 + 3) + \cdots + (1 + 2 + 3 + \cdots + n)$

的值。

```
Private Sub Form_Activate( )
  Text1.SetFocus
End Sub

Private Sub Command1_Click( )
  Dim n As Integer, i As Integer, j As Long, s As Long
  n = Val(Text1.Text)
  j = 0:   s = 0
  For i = 1 To n
    j =______(1)______
    s =______(2)______
  Next i
  Label2.Caption = "和数  s = " & Str(s)
  Text1.SelStart = 0
  Text1.SelLength = Len(Text1.Text)
End Sub
```

10. 我国古代数学家张丘建在“算经”里曾提出一个世界数学史上有名的百鸡问题：“鸡翁一，值钱五；鸡母一，值钱三；鸡雏三，值钱一；百钱买百鸡，问鸡翁、鸡母、鸡雏各几何？”程序界面设计如图 3-6 所示，程序代码如下，请补充完整。

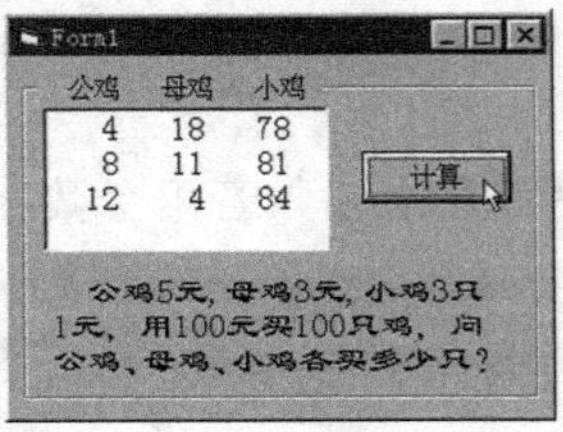

图 3-6 百钱买百鸡

```
Private Sub Command1_Click( )
  List1.Clear
  For x = 1 To 100
    For y = 1 To 100
      z = 100 – x – y
      If ______(1)______ Then
        p = Format(x, "@@@@") & Format(y, "@@@@@") & Format(z, "@@@@@")
        ______(2)______
      End If
    Next
  Next
End Sub
```

11. 打印乘法“九九表”并输出如图 3-7 所示结果。程序代码如下，请补充完整。

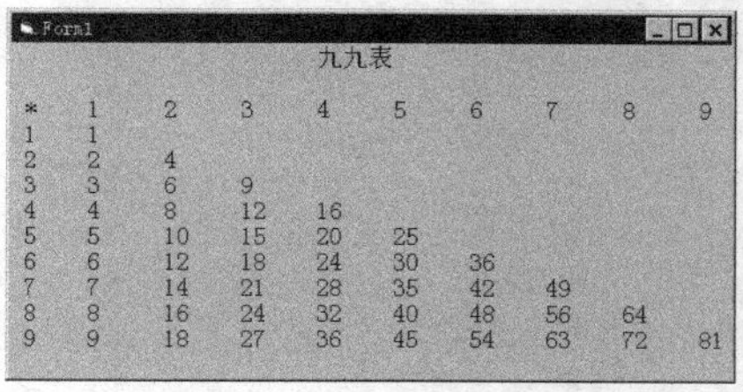

图 3-7　九九表

```
Private Sub Form_Load( )
  Show
  FontSize = 12
  Print Tab(25); "九九表"
  Print
  Print " * ";
  For i = 1 To 9
    Print Tab(i * 6); i;
  Next i
  Print
  For j = 1 To 9
    Print j; " ";
    For k = ______(1)______
      m = ______(2)______
      Print Tab(k * 6); m; " ";
    Next k
    Print
  Next j
End Sub
```

12. 打印乘法“九九表”并输出如图 3-8 所示结果。程序代码如下，请补充完整。

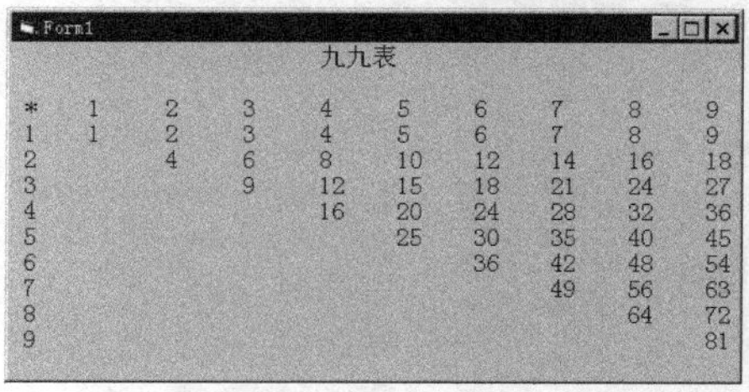

图 3-8　九九表

```
Private Sub Form_Load( )
  Show
  FontSize = 12
  Print Tab(25); "九九表"
  Print
  Print " * ";
  For i = 1 To 9
```

```
    Print Tab(i * 6); i;
  Next i
  Print
  For j = 1 To 9
    Print j; " ";
    For k = ______(1)______
      m = ______(2)______
      Print Tab(k * 6); m; " ";
    Next k
    Print
  Next j
End Sub
```

13. 下面程序是在窗体上输出如图 3-9 所示的图形。请将程序代码补充完整。

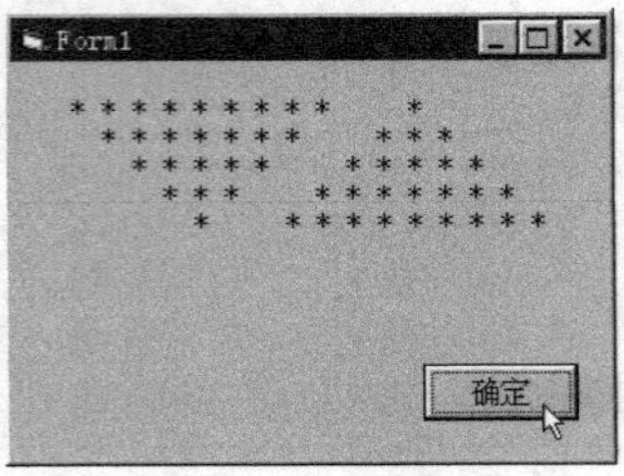

图 3-9 输出图形

```
Private Sub Command1_Click( )
  Cls
  Print
  For n = ______(1)______
    Print Tab(2 * n + 2);
    For m = n To 10 – n
      Print Spc(1); "*";
    Next
    Print Spc(4);
    For m = ______(2)______
      Print Spc(1); "*";
    Next
    Print
  Next
End Sub
```

14. 利用 1, 2, 3, 4 这四个数字组成四位数。请补充完整如下程序代码，打印出所有可能的四位数（四个数字可以相同），并统计出所组成的四位数的个数。

```
Private Sub Form_Load( )
  Show
  Sum = ______(1)______
```

```
    For a = 1 To 4
      For b = 1 To 4
        For c = 1 To 4
          For d = 1 To 4
            x = ______(2)______
            Print x;
            Sum = Sum + 1
            If Sum Mod 15 = 0 Then Print
          Next d
        Next c
      Next b
    Next a
    Print
    Print "和为："; Sum
End Sub
```

15. 有一个 6×6 的矩阵，各元素的值由键盘输入，求全部元素的平均值，并输出高于平均值的元素及它们的行、列号。程序界面如图 3-10 所示，程序代码如下，请补充完整。

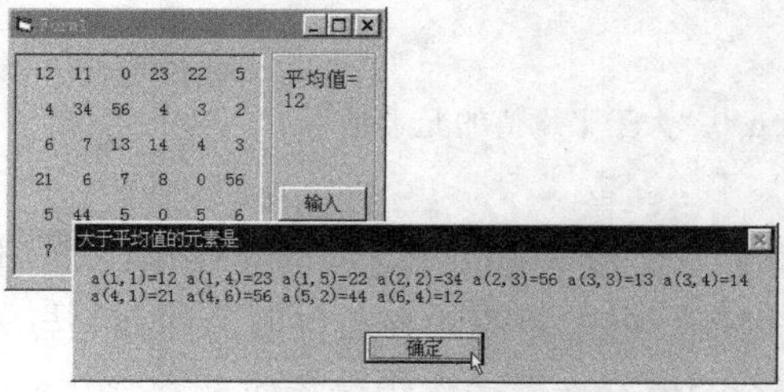

图 3-10　矩阵

```
Dim a(6 ,6) As Integer
Private Sub Command1_Click( )
  Dim n As Integer, m As Integer
  For n = 1 To 6
    For m = 1 To 6
      x = InputBox("a(" + Str(n) + "," + Str(m) + ")=")
      a(n, m) = ______(1)______
    Next
  Next
  Picture1.CurrentY = 80
  For n = 1 To 6
    For m = 1 To 6
      Picture1.Print Format(a(n, m), "@@@@");
    Next
    Picture1.Print
```

```
    Picture1.Print
  Next
End Sub

Private Sub Command2_Click( )
  s = 0
  For n = 1 To 6
    For m = 1 To 6
      s = s + a(n, m)
    Next
  Next
  av = s / (6 * 6)
  Label1.Caption = "平均值= " & Format(av, "######")
  p = ""
  For n = 1 To 6
    For m = 1 To 6
      If a(n, m) > av Then
        p = ________(2)________
      End If
    Next
  Next
  MsgBox p, 0, "大于平均值的元素是"
End Sub
```

16. 在窗体上画一个名称为 Commandl 的命令按钮，然后编写程序。程序的功能是：通过调用过程 swap，调换数组中数值的存放位置，即 a(1)与 a(10)的值互换，a(2)与 a(9)的值互换……a(5)与 a(6)的值互换。请将程序代码补充完整。

```
Option Base 1
Private Sub Commandl_Click()
   Dim a(10)As Integer
   For i=1 To 10
      a(i)=i
   Next
   Call swap ________(1)________
   For i=1 To 10
      print a(i);
   Next
End Sub
Sub swap(b()As Integer)
   n= ________(2)________
   For i=1 To n/2
      t=b(i)
```

```
        b(i)=b(n)
        b(n)=t
        ____(3)____
    Next
End Sub
```

17. 编写产生随机整数的函数过程，产生 30 个指定范围内的随机数。程序代码如下，请补充完整。

```
Private Function Randomnum(n As Integer, m As Integer)
    Randomize Timer
    Randomnum = ____(1)____
End Function
Private Sub Command1_Click(Index As Integer)
    Dim k As Integer, x As Integer, y As Integer
    n = Index
    Select Case n
      Case 0
        List1.Clear
      Case 1
        k = Val(InputBox("随机数的个数：", "请输入", "100"))
        x = Val(Text1(0).Text): y = Val(Text1(1).Text)
        For i = 1 To k
          List1.AddItem ____(2)____
        Next
    End Select
End Sub
```

18. 编写程序，实现英语单词或短语的加密/解密操作。加密/解密的基本原则是：把英语单词或短语中每个字符的 ASCII 码加上 2，使其变为另外一个字符，例如“ABCDE”，每个字符的 ASCII 码加 2 后变为“CEDFG”，从而对原来的单词或短语“加密”。程序界面如图 3-11 所示，请将程序代码补充完整。

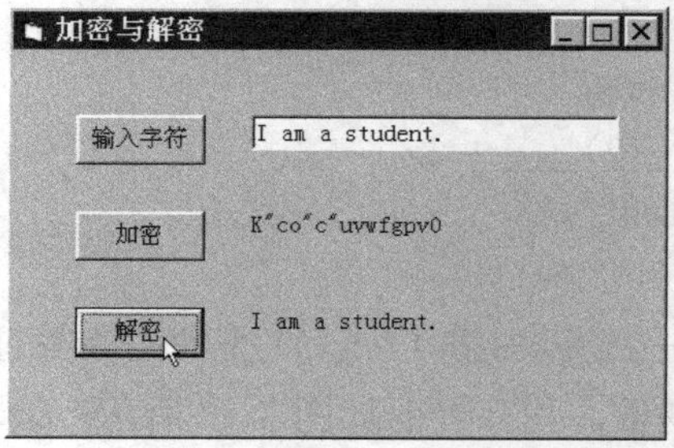

图 3-11　加密与解密程序界面

```
Function en(inp As String)
Dim i As Integer                            ' 执行加密操作的函数过程
  Dim sout As String, scurrent As String, snew As String
```

```
    i = Len(inp)
    For x = 1 To i
        scurrent = Mid$(inp, x, 1)
        snew = Chr$(Asc(scurrent) + 2)
        sout = sout & snew
    Next x
    en = sout
End Function
Function de(inp As String)
    Dim i As Integer                          ' 执行解密操作的函数过程
    Dim sout As String, scurrent As String, snew As String
    i = Len(inp)
    For x = 1 To i
        scurrent = Mid$(inp, x, 1)
        snew = Chr$(Asc(scurrent) – 2)
        sout = sout & snew
    Next x
    de = sout
End Function
Dim sph As String
Private Sub Command1_Click( )
    Text1.Text = ""
    Text1.SetFocus
End Sub

Private Sub Command2_Click( )
    Dim sen As String
    sen = ____（1）____
    Label1.Caption = sen
End Sub

Private Sub Command3_Click( )
    Dim sde As String
    sde = ____（2）____
    Label2.Caption = sde
End Sub
```

19. 编写判断某数是否能同时被 17 与 37 整除的函数过程，并输出 1000～2000 所有能同时被 17 和 37 整除的数。程序界面如图 3-12 所示，请将程序代码补充完整。

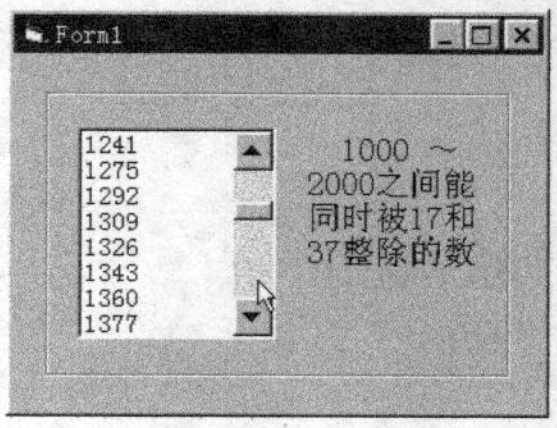

图 3-12

```
Private Function D(x As Integer) As Boolean
  If ________(1)________ Then
    D = True
  Else
    D = False
  End If
End Function
Private Sub Form_Activate( )
  Dim n As Integer
  For n = 1000 To 2000
    If D(n) Then List1.AddItem ________(2)________
  Next
End Sub
```

20. 使用 Timer 函数设计用来暂停指定时间（秒）的子过程。程序界面如图 3-13 所示，请将程序代码补充完整。

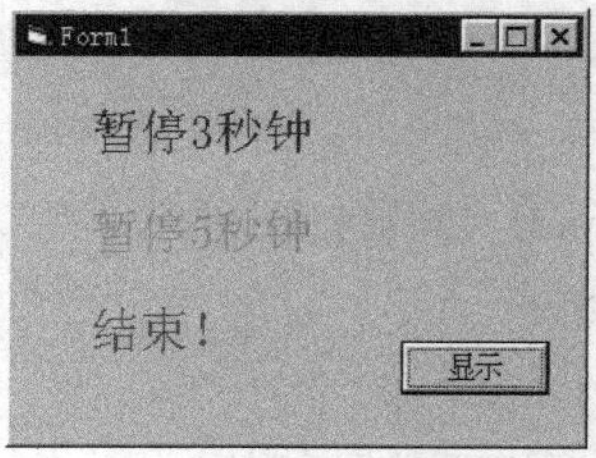

图 3-13

```
Private Sub Delay(PauseTime)                    ' PauseTime 为暂停时间
  Dim Start
  Start = Timer
  Do While Timer < Start + PauseTime
  ________(1)________
End Sub

Private Sub Command1_Click( )
  Cls
  Form1.FontSize = 16
  Print
  Form1.ForeColor = QBColor(9)
```

```
    Print Tab(4); "暂停 3 秒钟"
    Print
    ______(2)______
    Form1.ForeColor = QBColor(10)
    Print Tab(4); "暂停 5 秒钟"
    Print
    Delay (5)
    Form1.ForeColor = QBColor(12)
    Print Tab(4); "结束！ "
    Print
    Delay (1)
End Sub
```

21. 设计一个计时器，能够设置倒计时的时间，并进行倒计时。如图 3-14（a）所示，输入时间后按“开始”按钮，即开始倒计时。计时结束后将弹出对话框，如图 3-14（b）所示。请将程序代码补充完整。

（a）

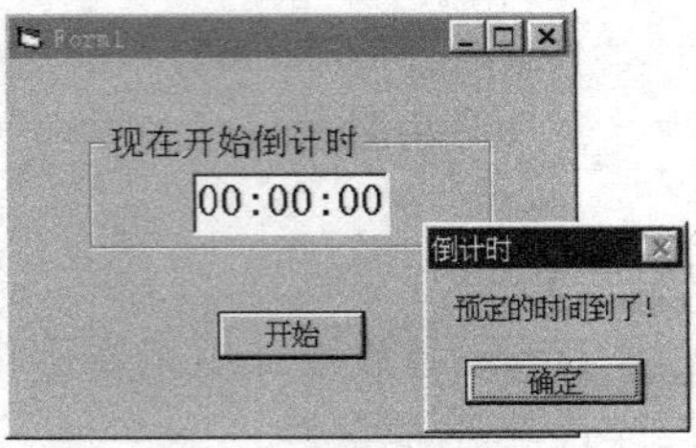

（b）

图 3-14

```
Private Sub Command1_Click( )
    Timer1.Enabled = True
    Timer1.Tag = Text1.Text * 60
    Frame1.Caption = "现在开始倒计时"
End Sub

Private Sub Timer1_Timer( )
    Timer1.Tag = Timer1.Tag–1
    m = ______(1)______
    If m < 0 Then
        Timer1.Enabled = False
        MsgBox "预定的时间到了!", 0, "倒计时"
        Frame1.Caption = "请输入计时的分钟数:"
        Text1.Text = 0
        ______(2)______
    End If
```

```
    n1 = Format(m Mod 60, "00")
    n2 = Format((m\60) Mod 60, "00:")
    n3 = Format(m\3600, "00:")
    Text1.Text = n3 & n2 & n1
End Sub
```

22. 编写程序实现分数化简。本题在标准模块中编写求最大公约数的函数过程，然后在窗体模块中调用该函数过程对分数进行化简。程序界面如图 3-15 所示，请将程序代码补充完整。

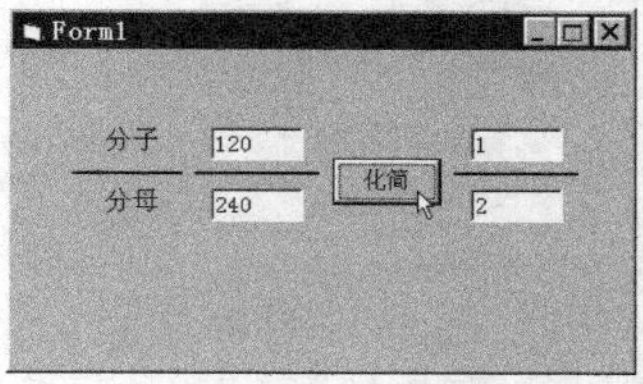

图 3-15

```
Public Function Hcf(m As Long, n As Long)
    If m < n Then
        t = m: m = n: n = t
    End If
    Do While n < > 0
        r = m Mod n
        m = n
        n = r
    Loop
    Hcf = ______(1)______
End Function

Private Sub Command1_Click( )
    Dim n As Long, m As Long
    n = Text1.Text
    m = Text2.Text
    s = Hcf(______(2)______)
    Text3.Text = n / s
    Text4.Text = m / s
End Sub
```

23. 在菜单编辑器中建立一个菜单，其主菜单项的名称为 mnuEdit，Visible 属性为 False。程序运行后，如果用鼠标右键单击窗体，则弹出与 mnuEdit 对应的菜单，以下是实现上述功能的程序，请将程序代码补充完整。

```
Private Sub Form ______(1)______(Button As Integer,Shift As In teger,X As Single,Y As Single)
    If Button=2 Then
```

```
    ____(2)____mnuEdit
  End If
End Sub
```

24. 下列程序的功能是：将数据 1，2，…，8 写入顺序文件 Num.txt，请将程序代码补充完整。

```
Private Sub Form_Click()
  Dim i As Integer
  Open "Num.txt" For Output As #1
  For i=1 To 8
    ____(1)____
  Next i
  Close #1
End Sub
```

25. 下面程序利用全局变量和函数设计模拟幸运数字机游戏。设幸运数字为 7，每次由计算机随机产生三个 0～10 的随机数，当这三个随机数中有一个数字为 7 时，就算赢了一次。要求利用函数过程计算获胜率，程序界面如图 3-16 所示，请将程序代码补充完整。

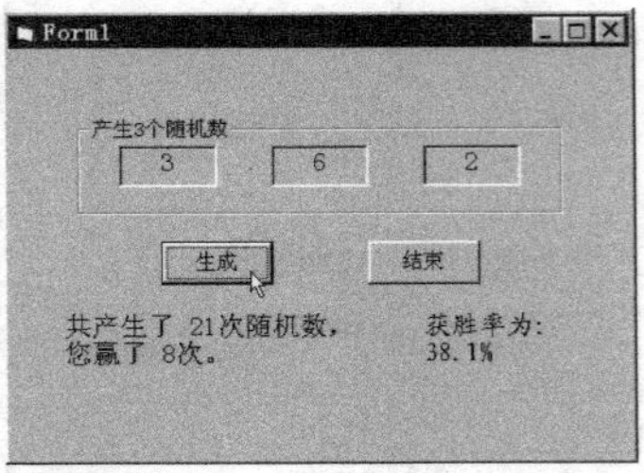

图 3-16

```
Public n, wins
Function rate(hits, att)
  Percent = hits/att
  rate = Format(Percent, "0.0%")
End Function

Private Sub Command1_Click( )
  Label1.Caption = Int(Rnd * 10)
  Label2.Caption = Int(Rnd * 10)
  Label3.Caption = Int(Rnd * 10)
  n = n + 1
  If (Label1.Caption = 7) Or (Label2.Caption = 7) Or (Label3.Caption = 7) Then
    Beep
    wins = wins + 1
    Label4.Caption = "共产生了" & Str(n) & "次随机数，您赢了" & Str(wins) & "次。"
```

```
        Label5.Caption = "获胜率为：" & ______(1)______
    End If
End Sub

Private Sub Command2_Click( )
    ______(2)______
End Sub
```

26. 编写程序，实现从蓝色的大圆中分别剪下两个小圆，求大圆剩下部分的面积，程序界面如图 3-17 所示。用形状控件画出 3 个大小不同的圆形、1 个显示信息的标签数组 Label1(0)～Label1(2)、1 个命令按钮 Command1。对象属性设置见表 3-1。请将程序代码补充完整。

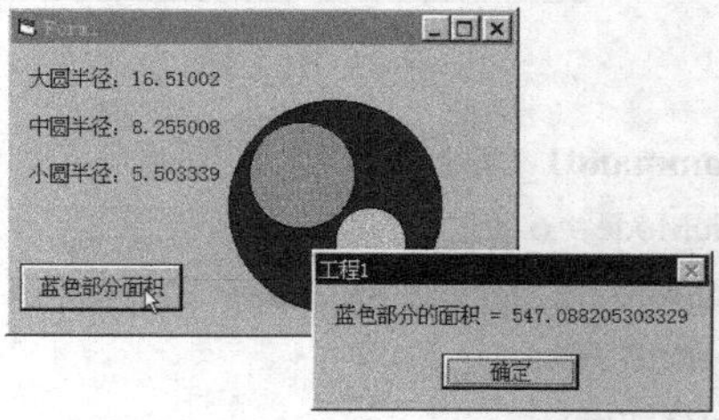

图 3-17

表 3-1　属性设置

对象	属　　性	属 性 值	说　　明
Shape1	BackColor	（蓝色）	大圆
	BackStyle	1-Opaque	背景类型
	Shape	3-Circle	形状（圆）
Shape2	BackColor	（浅绿）	中圆
	BackStyle	1-Opaque	背景类型
	Shape	3-Circle	形状（圆）
Shape3	BackColor	（浅红）	小圆
	BackStyle	1-Opaque	背景类型
	Shape	3-Circle	形状（圆）

```
Private Function Cir(r)
    Const pi = 3.1415
    Cir = pi * r * r
End Function

Private Sub Command1_Click( )
    x1 = Shape1.Width / 2
    x2 = Shape2.Width / 2
    x3 = ______(1)______
    c = Cir(x1) – Cir(x2) – Cir(x3)
```

```
    MsgBox "蓝色部分的面积 = " & ______(2)______
End Sub
```

27. 编写程序，实现输入长方体的长、宽、高后可求出其表面积。程序界面如图 3-18 所示，请将程序代码补充完整。

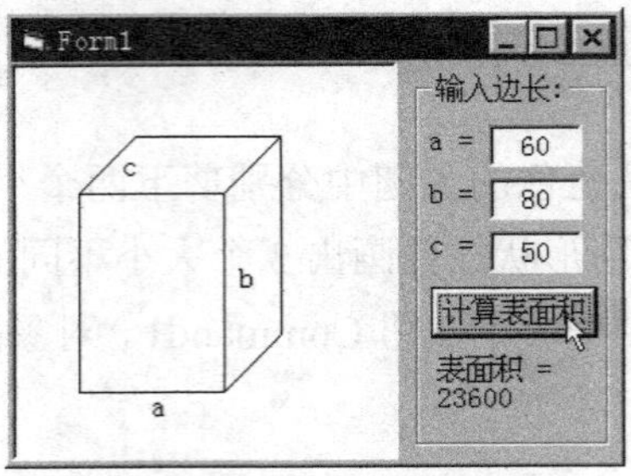

图 3-18

```
Private Sub Command1_Click( )
    Picture1.ScaleMode = 6
    Dim a As Single, b As Single, c As Single
    a = Val(Text1(0).Text)
    b = Val(Text1(1).Text)
    c = Val(Text1(2).Text)
    x = a + b + c
    If c = 0 Then ______(1)______
    Call ht(a, b, c)
    m = 2 * (a * b + b * c + c * a)
    Label2.Caption = "表面积 = " & Chr(13) & ______(2)______
End Sub

Private Sub ht(a As Single, b As Single, c As Single)
    Picture1.Cls
    x = (IIf(a < b, b, a) + 0.5 * c) * 1.5              ' 求坐标的最大值
    Picture1.Scale (0, 0) – (x, x)                      ' 设置坐标系
    x0 = x/6: y0 = x * 5/6                              ' 长方体左下角坐标
    Picture1.Line (x0, y0) –Step(a, – b), , B
    Picture1.Line (x0, y0 – b)-Step(1.414 * c/3, –1.414 * c/3)
    Picture1.Line –Step(a, 0)
    Picture1.Line –Step(–1.414 * c/3, 1.414 * c/3)
    Picture1.Line (x0 + a, y0) –Step(1.414 * c/3, –1.414 * c/3)
    Picture1.Line –Step(0, –b)
    With Picture1                                       ' 设置字母"a"的坐标
        .CurrentX = x0 + a/2
        .CurrentY = y0
    End With
    Picture1.Print "a"
```

```
    With Picture1                              ' 设置字母"b"的坐标
      .CurrentX = x0 + a + Picture1.TextWidth("b")
      .CurrentY = y0 – b/2 – Picture1.TextHeight("b")
    End With
    Picture1.Print "b"
    With Picture1                              ' 设置字母"c"的坐标
      .CurrentX = x0 + 1.414 * c/6 + Picture1.TextWidth("c")
      .CurrentY = y0 – b – 1.414 * c/6 – Picture1.TextHeight("c")/2
    End With
    Picture1.Print "c"
End Sub
```

28. 编写华氏温度和摄氏温度相互转换的程序。利用文本框交互实现输入和输出，当鼠标指向命令按钮时动态地改变“手”形状图片的显示，如图 3-19 所示。说明：已修改图片框 Picture1 的 Picture 属性（路径与文件名）为 c:\program files\point04.ico。请将程序代码补充完整。

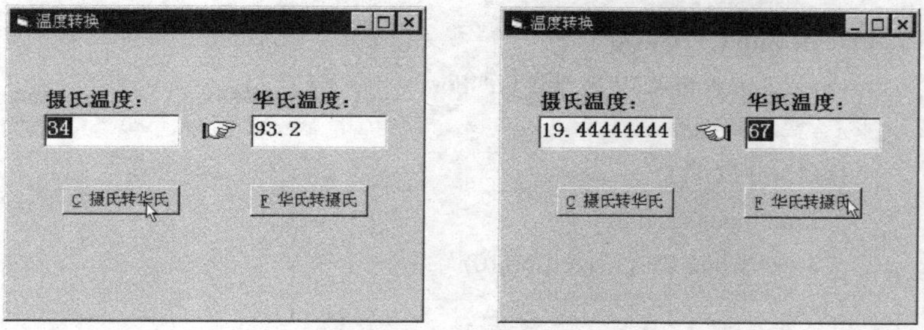

图 3-19　动态改变图片

```
Private Sub Command1_Click( )
  Text2.Text = Format(Text1.Text * (9 / 5) + 32, "##0.0##")
End Sub
Private Sub Command1_MouseMove(Button As Integer,Shift As Integer,X As Single,Y As Single)
  Picture1.Picture = LoadPicture("c:\program files\point04.ico")
  Text1.SelStart = 0
  Text1.SelLength = ______（1）______
  Text1.SetFocus
End Sub
Private Sub Command2_Click( )
  Text1.Text = Format((Text2.Text-32) * (5 / 9), "##0.0##")
End Sub
Private Sub Command2_MouseMove(Button As Integer,Shift As Integer,X As Single,Y As Single)
  ______（2）______ = LoadPicture("c:\program files\point02.ico")
  Text2.SelStart = 0
  Text2.SelLength = Len(Text2.Text)
```

```
    Text2.SetFocus
End Sub
```

29. 在当前目录中有顺序文件 in7.txt（文件中只有字母和空格）。在窗体上画一个文本框，名称为 Text1，允许多行显示；再画三个命令按钮，名称分别为 C1,C2,C3，标题分别为“输入”“转换”“存盘”（如图 3-20 所示）。请编写适当的事件过程，使得在运行时，单击“输入”按钮，则从考生文件夹中读入 in7.txt 文件，放入 Text1 中；单击“转换”按钮，则把 Text1 中的所有小写字母转换为大写字母；单击“存盘”按钮，则把 Text1 中的内容存入 out7.txt 文件中。程序代码如下，请补充完整。

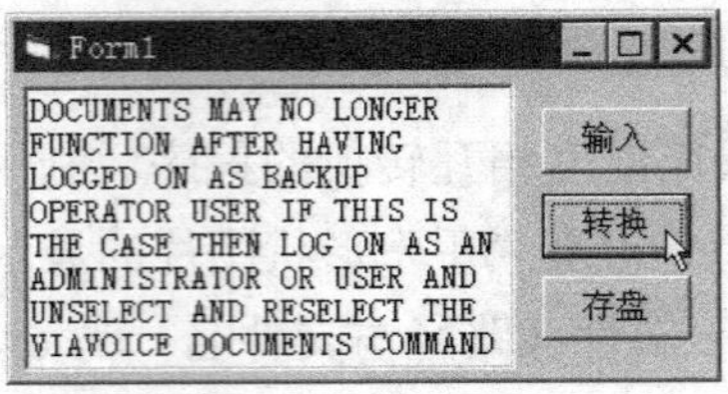

图 3-20

```
Private Sub C1_Click( )
  Open App.Path & "\" & "in7.txt" For ______(1)______
  a = ""
  Do Until EOF(1)
    Line Input #1, b
    a = a & b & Chr(13) & Chr(10)
  Loop
  Close #1
  Text1.Text = a
End Sub

Private Sub C2_Click( )
  Text1.Text = ______(2)______
End Sub

Private Sub C3_Click( )
  Open App.Path & "\" & "out7.txt" For Output As #1
  Print #1, Text1.Text
  Close #1
End Sub
```

30. 某单位全年每次报销的经费（假定为整数）存放在一个磁盘文件中，下面程序为从该文件中读出每次报销的经费并计算其总和，然后将结果存入另一个文件中。请将以下程序代码补充完整。

```
Private Sub Command1_Click( )
  Dim sj As String, jfsum As Integer
  ______(1)______"报销经费.txt" For Input As #1
```

```
  jfsum = 0                              ' 累加和初值
  Do While Not EOF(1)
    Input #1, sj, jf                     ' 从文件中读时间、费用
    jfsum = jfsum + jf
  Loop
  Open "经费总和.txt" For Output As #2
  Print #1, jfsum
  ____（2）____
End Sub
```

31. 编写用来处理活期存款结算事务的程序。每次处理之后，程序都要显示当前的结存，并把它存入一个文件中，要求输出的浮点数保留小数点后两位。请将以下程序代码补充完整。

```
Dim mye As Single
Private Sub Form_Load( )
  If Dir("活期存款.txt") > " " Then
    Open "活期存款.txt " For Input As #1
    Do While Not EOF(1)
    ____（1）____, mri, mzc, msr, mye
    Loop
    Close #1
  Else
    mye = 0
  End If
  Label2 = Format(mye, "#####.##")
  Open "活期存款.txt" For Append As #1
End Sub
Private Sub Command1_Click( )
  mri = Text1.Text                       ' 时间
  mzc = Val(Text2.Text)                  ' 支出
  msr = Val(Text3.Text)                  ' 收入
  mye = mye + msr-mzc                    ' 余额
  ____（2）____, mri, mzc, msr, mye;     ' 交易数据添加到文件
  Label2 = Format(mye, "#####.##")       ' 显示当前的余额
End Sub
```

32. 通过键盘输入数据，将包括学号、姓名、性别，以及数学、英语、电子成绩等数据追加到一个顺序文件（stu.dat）中。程序界面如图 3-21 所示，请将以下程序代码补充完整。

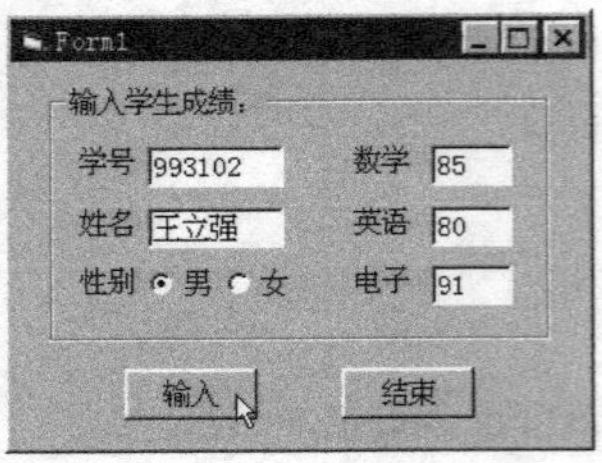

图 3-21

```
Private Sub Form_Load( )
   Open "stu.dat" For ______(1)______ As #1
End Sub

Private Sub Command1_Click(Index As Integer)
   Select Case Index
      Case 0
         Dim xh As String, xm As String, xb As String
         Dim sx As Integer, yy As Integer, dz As Integer
         xh = Text1(0).Text
         xm = Text1(1).Text
         xb = IIf(Option1(0).Value, "男", "女")
         sx = Val(Text1(2).Text)
         yy = Val(Text1(3).Text)
         dz = Val(Text1(4).Text)
         Write #1, xh, xm, xb, sx, yy, dz
         For i = 0 To 4
            Text1(i).Text = ""
         Next
         Text1(0).SetFocus
      Case 1
         ______(2)______
         Unload Me
   End Select
End Sub
```

第4部分

模拟试卷

模拟试卷一

一、选择题

1. 在 Visual Basic 中，设 A="12345678"，则表达式 Val(Right(A,4) + Mid(A,4,2))的值为（　　）。

A．123456　　B. 567845　　C. 123445　　D. 5723

2. 在 Visual Basic 中，将文本框的内容全部显示为用户所定义的字符的属性是（　　）。

A. PasswordChar　　B. Password　　C. SelText　　D. 以上都不对

3. 若评选三好学生的条件是：政治面貌（party）为团员，课程总分（total）大于 300 分，其中三门主课（mark1，mark2，mark3）中有一门课为 100 分，Visual Basic 表达式应写为（　　）。

A. party＝"团员" and total>300 and mark1=100 or mark2=100 or mark3=100

B. party＝"团员" and total>300 or mark1=100 or mark2=100 or mark3=100

C. (party＝"团员" and total>300) and (mark1=100 or mark2=100 or mark3=100)

D. (party＝"团员" or total >300) and (mark1=100 or mark2=100 or mark3=100)

4. 在 Visual Basic 中，下面哪个选项属于控件的方法？（　　）。

A. Click　　B. Change　　C. SetFocus　　D. Dim

5. 在 Visual Basic 中，窗体上有一个命令按钮（其 Name 属性为 Command1），运行以下程序，单击命令按钮，其输出结果是（　　）。

```
Option Base 1
Private Sub Command1_Click()
  Dim a
  a = Array(1, 2, 3, 4)
  j = 1
  For i = 4 To 1 Step -1
     s = s + a(i) * j
     j = j * 10
  Next i
```

```
    Print s
End Sub
```

A. 4321　　B. 234　　C. 34　　D. 1234

6. 在 Visual Basic 中，下面关于图片框（PictureBox）和图像框（Image）说法不正确的是（　　）。

A. 图片框中可以装载其他控件　　B. 均可加载图片

C. 图像框中可以装载其他控件　　D. 图像框比图片框占用更少内存

7. 在 Visual Basic 中，有一个 10 个元素的数组，以下程序可将该数组逆置，即第 1 个元素与第 10 个元素交换，第 2 个元素与第 9 个元素交换……第 5 个元素与第 6 个元素交换，为实现此功能，应在横线处填写（　　）。

```
Private Sub Command1_Click()
    Dim a(1 To 10) As Integer
    Dim i As Integer
    Dim p As Integer
    Dim t As Integer
    Dim j As Integer
    For i = 1 To 10
        a(i) = i
    Next i
    For j = 1 To 5
        t = a(j)
        ______
        ______
    Next j
    For i = 1 To 10
        Print a(i)
    Next i
End Sub
```

A. a(j)=a(11-j)　　a(11-j)=t　　B. a(11-j)=a(j)　　a(j)=t

C. a(j)=t　　a(11-j)=a(j)　　D. a(11-j)=t　　a(j)=a(11-j)

8. 在 Visual Basic 中，单击一次命令按钮，下列程序代码的执行结果为（　　）。

```
Private Sub Command1_Click()
    Dim a As Integer, b As Integer, c As Integer
    a = 2: b = 3: c = 4
    Print fun2(a, b, c)
End Sub
Private Function fun1(x As Integer, y As Integer, z As Integer)
    fun1 = 2*x+y+3*z
```

```
End Function
Private Function fun2(x As Integer, y As Integer, z As Integer)
   fun2 = fun1(z, x, y) + x
End Function
```

A. 27　　B. 21　　C. 17　　D. 34

9. 在 Visual Basic 设计阶段，为了清除窗体上的一个控件，下列正确的操作是（　　）。

A. 单击要清除的控件，然后按回车键

B. 单击要清除的控件，然后按 Esc 键

C. 单击要清除的控件，然后按 Delete 键

D. 以上都不对

10. 在 Visual Basic 中，下列程序段的输出结果是（　　）。

```
x = 5
Select Case x + 1
      Case 5, 6, 7
         Print "5,6,7"
      Case 0 To 9
        Print "0 to 9"
      Case Is >= 15
        Print "is>=5"
End Select
```

A. 5，6，7　　B. 0-9　　C. 0 to 9　　D. is>=5

二、判断题

11. 在 Visual Basic 中，可以用 LoadPicture 函数给图片框加载图片，但不能用此函数清除其中的图片。（　　）

三、填空题

12. 在 Visual Basic 中，文本框的默认属性是_____。

13. 在 Visual Basic 中，代数式 $\frac{\sqrt{x+3+2}}{x^3+1}$ 的算术表达式是_____。

四、程序分析题

14. 阅读下面的 Visual Basic 程序，循环体中的语句 s=s+2 共执行了___次。

```
Private Sub Command1_Click()
   Dim a As Integer, b As Integer, c As Integer
   Dim i As Integer, s As Integer
   a = 5: b = 2: c = 2: s = 0
   Do While b <= a
```

```
      For j = 1 To 200 Step c
        s = s + 2
      Next j
      b = b + c
    Loop
    Print s
End Sub
```

15．分析下面 Visual Basic 程序段,窗体中有一命令按钮（名称为 B6），窗体启动后单击命令按钮，分别给 num1 和 num2 赋值为 18 和 27，输出变量 num 的值为____。

```
Private Sub B6_Click()
    Dim num1 As Integer
    Dim num2 As Integer
    Dim num As Integer
    Dim i As Integer,k As Integer
    num1 = InputBox("num1=")
    num2 = InputBox("num2=")
    num = 1: i = 2
    If num1 > num2 Then k = num2 Else k = num1
    Do While i <= k
      If num1 Mod i = 0 And num2 Mod i = 0 Then
          num = i
      End If
      i = i + 1
    Loop
    Print num
End Sub
```

16．分析下面 Visual Basic 程序段，如图所示，界面中左侧的列表框（名称 List1）用于显示省份名称，界面中右侧从上向下分别是文本框 1（名称 Text1）、文本框 2（名称 Text2）、命令按钮（名称 Command1）。

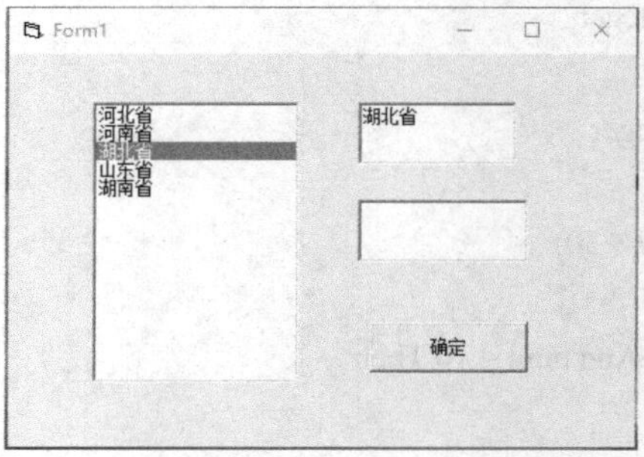


```
Private Sub Command1_Click()
    Dim i As Integer
    For i=0 To List1.ListCount -1
      If Trim(Text1.Text) = List1.List(i) And List1.Selected(i) Then
        Text2.Text = Mid(List1.List(List1.ListIndex), 1, 2)
```

```
            Exit For
        Else
            Text2.Text = "其他"
        End If
    Next i
End Sub
Private Sub Form_Load()
    List1.AddItem "河北省"
    List1.AddItem "河南省"
    List1.AddItem "湖北省"
    List1.AddItem "山东省"
    List1.AddItem "湖南省"
End Sub
```

窗体启动后，选中列表框中“湖北省”项目，并在文本框 1 中输入“湖北省”，单击命令按钮，文本框 2 显示的内容是_____。

五、程序改错题

17．下面的程序是利用随机函数产生 10 个 1 到 30 之间的随机整数，然后把产生的这些整数放入数组 b 中，并按一定规则放入数组 a 中。存入数组 a 时需符合的规则是：

（1）如果产生的是 1 到 9 之间（含 1 和 9）的数，则直接放入数组 a 中。

（2）如果产生的是大于 9 的数，则按如下方法存放：如果是偶数，则把十位数字放入数组 a 中；如果是奇数则把个位数字放入数组 a 中。

如产生的整数为 22，17，18，9，10，24，1，23，25，22，则放入数组 a 中的数字为 2，7，1，9，1，2，1，3，5，2。

程序中有 2 个错误，请指出错误并改正。

```
Option Base 1
Private Sub Command1_Click()
Dim a(10) As Integer
Dim b(10) As Integer
Dim i As Integer
Dim num As Integer
For i = 1 To 10
    num = Int(Rnd * 30)
    b(i) = num
    If   num >= 1 And num < 10 Then
        b(i) = num
    Else
        If num Mod 2 = 0 Then
            a(i) = num \ 10
    Else
            a(i) = num Mod 10
```

```
        End If
      End If
    Next i
    For i = 1 To 10
      Print b(i);
    Next i
    Print
    For i = 1 To 10
      Print a(i); " ";
    Next i
    End Sub
```

18．以下程序的功能是：产生一个 3 行 4 列的数组并赋值，再用 Inputbox 函数输入一个列号，对数组中的该列数值按由小到大的顺序进行排列。

程序中有 2 个错误，请指出错误并改正。

```
Option Base 1
Private Sub Command1_Click()
  Dim a(3, 4) As Integer
  Dim i As Integer, j As Integer
  Dim col As Integer
  Dim t As Integer
  For i = 1 To 3
    For j = 1 To 4
      a(i, j) = 20 + Int(Rnd * 30)
      Print a(i, j);
    Next j
    Print
  Next i
  col = InputBox("col=")
  For i = 1 To 3
    For j = 2 To 4
      If a(i, col) > a(j, col) Then
          t = a(i, col)
          a(i, col) = a(j, col)
          a(j, col) = t
      End If
    Next j
  Next i
  Print
  For i = 1 To 3
    For j = 1 To 4
      Print a(i, j);
    Next j
    Print
```

```
    Next i
End Sub
```

六、程序填空题

19．下面的程序是：输入有偶数个字符的字符串给变量 c，然后从字符串两端分别截取字符赋给 c1 和 c2，每次截取一个；如果是数字字符，则按“前端截取放前、后端截取放后”的方法存入数组 a 中；如果是其他字符，则不存放；然后依次截取下一个字符，并用同样的方法处理，直到处理完所有字符为止。如输入的字符为 12AB34C56D78，存入数组 a 中的顺序为 1,8,2,7,6,3,5,4，并显示出来。请在以下程序的空白位置填写正确的代码。

```
Option Base 1
Private Sub Command1_Click()
  Dim c As String
  Dim c1 As String
  Dim c2 As String
  Dim a(20) As Integer
  Dim i As Integer
  Dim j As Integer
  Dim k As Integer
  c = InputBox("c=")
  j = Len(c): i = 1
  k = 1
  Do While i < j
    c1 = Mid(c, i, 1): c2 = Mid(c, j, 1)
    If c1 >= "0" And c1 <= "9" Then a(k) = Val(c1): k = k + 1
    If c2 >= "0" And c2 <= "9" Then a(k) = Val(c2): k = k + 1
    i = i + 1: ____(1)____
  Loop
  Print c
  For i = 1 To ____(2)____
    Print a(i);
  Next i
End Sub
```

20．窗体（运行后如下图所示）中有一个标签（名称为 Label1），用于显示其下方滚动条的 Value 值，滚动条（名称为 HS1）的最小值和最大值分别是 1 和 5，滚动条下方是组合框（名称为 Combo1），滚动条右侧是列表框（名称为 List1），列表框下方是文本框（名称为 Text1），用于显示列表框中的某项内容。有一定时器控件，初始设置 Timer1.Enabled 为 True，Timer1.Interval=1000，定时器的 Timer1_Timer 事件功能是：（1）把组合框选定的值赋给滚动条的 Value 属性；（2）标签显示当前滚动条的值；（3）文本框显示与组合框中位置一致的列表框中的内容。窗体的 Load 事件是给组合框中添加数值 1 到 5，给列表框中添加字符 A 到 E，组合框显示第一项内容（数值 1）。请在空白位置填写正确的代码。

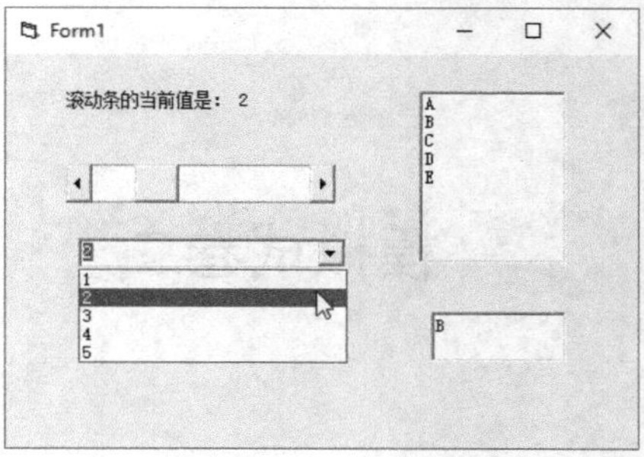


```
Private Sub Form_Load()
    Combo1.AddItem "1"
    Combo1.AddItem "2"
    Combo1.AddItem "3"
    Combo1.AddItem "4"
    Combo1.AddItem "5"
    List1.AddItem "A"
    List1.AddItem "B"
    List1.AddItem "C"
    List1.AddItem "D"
    List1.AddItem "E"
    Combo1.Text = Combo1. ______(1)______
End Sub

Private Sub Timer1_Timer()
    HS1.Value = Val(Combo1.Text)
    Label1.Caption = "滚动条的当前值是：  " & HS1.Value
    Text1.Text = List1.List(______(2)______)
End Sub
```

模拟试卷二

一、选择题

1. 在 Visual Basic 中，Print Int(35*Rnd)+n 产生的随机数的范围是 10～44（含 10 及 44），则 n 是（　　）。

A．10　　B. 20　　C. 30　　D. 35

2. 在 Visual Basic 中，下列可作为 Visual Basic 变量名的是（　　）。

A. Filename　　B. Val　　C. X%D　　D. Print

3. 在 Visual Basic 中，下列语句用于设置窗体中文本框（名称 Text1）的属性，其中在运行时不能正确操作的语句是（　　）。

A. Text1.Text="Text Test"　　B. Text1.Name="Text Test"

C. Text1.Enabled = False　　D. Text1.Visible = False

4. 在 Visual Basic 中，下列运算符优先级最高的是（　　）。

A. +　　B. *　　C. >　　D．And

5. 执行下面 Visual Basic 程序后的结果是（　　）。

```
For i = 1 To 6
  If i Mod 2 = 0 Then
    Print  "#";
  Else
    Print  "*";
  End If
Next i
```

A．######　　B．******　　C．*#*#*#　　D．#*#*#*

6. 下面的 Visual Basic 程序是对数组 a 中的元素按升序排列，程序中的空白处应该填选项（　　）。

```
Option Base 1
Dim i As Integer
Dim j As Integer
a = Array(2, 4, 7, 9, 3, 6, 20, 11)
```

```
For i = 1 To 7
  For j = i + 1 To 8
    If a(i) > a(j) Then
      a(i) = a(i) + a(j)
      a(j) = a(i) - a(j)
      ____________
    End If
  Next j
Next i
For i = 1 To 8
Print a(i);
Next i
```

A. a(i)=a(j)　　B. a(i) = a(i)−a(j)

C. a(j)=a(i)−a(j)　　D. Exit For

7. 执行下面 Visual Basic 程序后，s=s+1 语句被执行了多少次？（　　）

```
Dim s As Integer
s = 0
For i = 1 To 10
  For j = 0 To i−1
    s = s + 1
  Next j
Next i
```

A. 0　　B. 10　　C. 55　　D. 66

8. 执行下面 Visual Basic 程序，数组 a 中的数字 50 所在位置的下标是（　　）。

```
Option Base 1
Private Sub Command1_Click()
  Dim i As Integer
  Dim k As Integer
  Dim t As Integer
  Dim w As Integer
  Dim m As Integer
  a = Array(3, 56, 8, 10, 89, 94, 78, 82, 20, 50, 100)
  m = UBound(a)
  k = m / 2
  For i = 1 To k
    w = a(i): a(i) = a(m−i + 1): a(m−i + 1) = w
  Next i
End Sub
```

A. 1　　B. 2　　C. 3　　D. 5

9. 在 Visual Basic 中，关于控件及窗体说法不正确的是（　　）。

A. 任何一个控件都有名称　　B. 任何一个控件都有属性

C. 任何一个控件都有单击事件　　　　　　D. 控件是对象，窗体也是对象

10. 执行下面 Visual Basic 程序，输入 a 的值为 10，最后输出 s 的值是（　　）。

```
Dim a As Integer
Dim s As Integer
a = InputBox("a=")
Select Case a Mod 2
   Case 1: s = 1
   Case 2: s = 10
   Case 3: s = 11
   Case Else:   s = 100
End Select
Print s
```

A. 1　　　　B. 2　　　　C. 3　　　　D. 100

二、判断题

11. 在 Visual Basic 中，对顺序文件既有读操作语句，也有写操作语句。（　　）

三、填空题

12. 在 Visual Basic 中，使用 Dim A(2 To 5, 2 To 4)语句定义数组后，数组 A 所包含的元素个数为__________。

13. 在 Visual Basic 中，算术表达式 4 / 3 Mod 3 * 2 + 2 的结果是__________。

四、程序分析题

14. 阅读下面的 Visual Basic 程序，程序运行后 s 的值是__________。

```
Option Base 0
Private Sub Command1_Click()
Dim a(4) As Integer
Dim i As Integer
Dim j As Integer
Dim w As Integer
Dim s As Integer
j = 0: s = 0
For i = 1 To 100
   w = Int(6 * Rnd)
   If w = 2 Then
      a(j) = w
      s = s + a(j)
      j = j + 1
   Else
      i = i-1
   End If
```

```
        If j = 5 Then Exit For
    Next i
    Print s
End Sub
```

15. 分析下面 Visual Basic 程序段，窗体中有一命令按钮（名称为 Command1），窗体启动后单击命令按钮，w 的输出值为__________。

```
Private Sub Command1_Click()
  Dim a(3) As Integer
  Dim i As Integer, w As Integer
  w = 0
  For i = 0 To 3
    a(i) = i
  Next i
  For i = 0 To 3
    w = w + fu(a(i))
  Next i
  Print w
End Sub

Private Function fu(k As Integer)
  k = k + 1
  fu=k
End Function
```

16. 分析下面 Visual Basic 程序段。窗体中有一命令按钮（名称为 Command1），窗体启动后单击命令按钮，输出语句 Print num 执行结果是__________。

```
Option Base 1
Private Sub Command1_Click()
  a = Array(23, 24, 17, 8, 11, 15, 16, 13)
  Dim i As Integer
  Dim num As Integer
  Dim k As Integer
  Dim j As Integer
  Dim flag As Integer
  num = 0
  For i = 1 To 8
    flag = 0
    k = Int(Sqr(a(i)))
    For j = 2 To k
      If a(i) Mod j = 0 Then flag = 1
    Next j
    If flag = 0 Then num = num + a(i)
  Next i
```

```
    Print num
End Sub
```

五、程序改错题

17. 有数组：s = Array("a42", "b3c56", "de7fg", "hi", "jk35kmn")，统计数组 s 中各个元素中含有的数字字符的个数，把结果存放到数组 b 中。当程序运行后，数组 b 中各元素的值分别为 2、3、1、0、2。下面程序中有 2 处错误，请指出错误并改正。（两个数组的下标都是从 1 开始，程序中定义的每个变量都需用到，程序中只能用变量 total 统计数组 a 中每个元素含有的数字字符的个数）。

```
s = Array("a42", "b3c56", "de7fg", "hi", "jk35kmn")
Dim b(5) As Integer
Dim total As Integer
Dim i As Integer
Dim j As Integer
For i = 1 To 5
  b(i) = 0
  For j = 1 To Len(s(i))
    If Mid(s(i), j, 1) >= "0" And Mid(s(i), j, 1) <= "9" Then total = total + b(i)
  Next j
  b(i) = total
Next i
For i = 1 To 5
Print b(i);
Next i
```

18. 如下图所示，窗体有两个框架，左侧的框架中有三个单选按钮（名称分别为 Option1，Option2 和 Option3），单选按钮分别设置了标题：小学、初中、高中；右侧的框架中是一个列表框（名称为 List1）；两个框架中间是命令按钮（标题为存放结果，名称为 Command1），命令按钮功能是：单击命令按钮，清除列表框中的内容，然后将选中的单选按钮的标题放入列表框中。程序中有 2 处错误，请指出错误并改正。（要求：不能改变程序行数，不能增加函数）

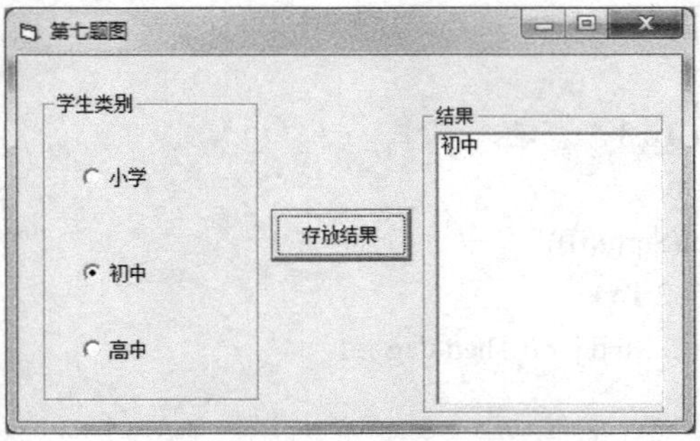


```
Private Sub Command1_Click()
  Dim s As String
```

```
    List1.Clear
    s = ""
    Select Case 1
      Case Option1.Value
        s = s + Option1.Caption
       Case Option2.Value
         s = s + Option2.Caption
      Case Option3.Value
        s = s + Option3.Caption
    End Select
    List1.Text = s
  End Sub
```

六、程序填空题

19. 下面程序为从键盘输入少于20个字符的字符串，然后对字符串从左端进行处理。处理方法：把字符串中后跟“#”的数字放入数组 a 中，如果是数字但后面没有跟“#”，则不存放。如输入的字符串为“12#a2bc3#d45#6e7”，则 12、3、45 分别存放到数组 a 的前三个元素中。请将以下程序代码补充完整。

```
Option Base 0
Private Sub Command1_Click()
Dim s As String
Dim c As String
Dim i As Integer
Dim j As Integer
Dim a(10) As Integer
Dim num As Integer
Dim w As Integer
Dim flag As Integer      '标志：为 0 表示前一个字符非数字，为 1 表示前一字符为数字
num = 0: i = 1: flag = 0: j = 0
s = InputBox("s=")
w = Len(s)
Do While i <= w
  c = Mid(s, i, 1)
  If c >= "0" And c <= "9" Then
    num = num * 10 + Val(c):______(1)______
  End If
  If flag = 1 And c = "#" Then
    ______(2)______ : j = j + 1: flag = 0: num = 0
  End If
  If (c < "0" Or c > "9") And flag = 1 Then
    flag = 0: num = 0
  End If
```

```
  i = i + 1
Loop
For i = 0 To j - 1
  Print a(i);
Next i
End Sub
```

20. 窗体中有一文本框（名称 Text1）、一组合框（名称 Combo1，已添加 5 个条目）、一滚动条（名称 Hs1，min 和 max 分别为 1 和 5）、一定时器控件（名称 Timer1，定时器的 Enabled 属性初始为 False，Interval 属性值 1000（1 秒）），一命令按钮（标题为开始，名称 Command1）。程序功能：（1）开始命令按钮功能：启动定时器工作；（2）定时器 Timer1 事件功能：一是清空文本框；二是在文本框中显示组合框中选中的数字，选中数字几，就在文本框中显示几个该数字，如选中 3，则在文本框中显示 3 个 3；三是把滚动条的 Value 值改为组合框中选定的值；四是把定时器的 Timer1 事件触发时间改为与所选中的组合框的值一致的秒数。请将以下程序代码补充完整。

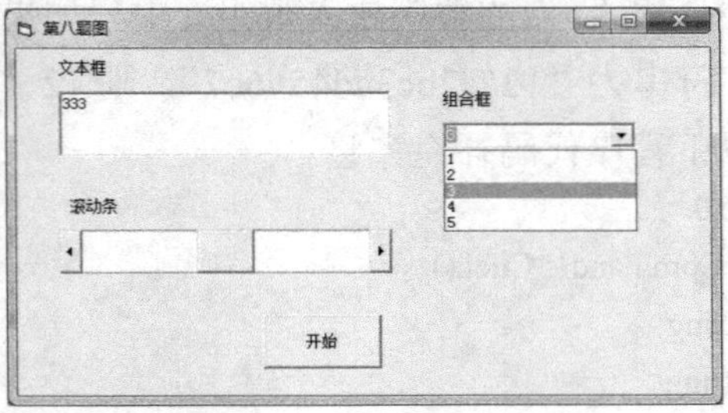


```
Private Sub Command1_Click()
  Timer1.Enabled = True
End Sub

Private Sub Timer1_Timer()
  Dim i As Integer
  Dim k As Integer
  Text1.Text = ""
  k = Val(________(1)________)
  For i = 1 To k
    Text1.Text = Text1.Text + Combo1.Text
  Next i
  Hs1.Value = Combo1.Text
  ________(2)________ = Combo1.Text * 1000
End Sub
```

模拟试卷三

一、选择题

1. 在 Visual Basic 中，Print Int(Rnd)+Int(3+Rnd)的结果是（　　）。

A．无法确定　　B. 2　　C. 3　　D. 4

2. 在 Visual Basic 中，当窗体启动时能够被触发的事件是（　　）。

A．UnLoad　　B. Click　　C. DblClick　　D. Load

3. 在 Visual Basic 中，窗体的标题用以下哪个属性表示？（　　）

A. Value　　B. Caption　　C. Text　　D. Topic

4. 在 Visual Basic 中，表达式 3 Mod 2 * 4 的值是（　　）。

A. 1　　B. 2　　C. 3　　D. 4

5. 关于 Visual Basic 中列表框属性的说法不正确的选项是（　　）。

A．列表框既有添加列表项的方法，也有删除列表项的方法

B．列表框中列表项个数无法统计

C．向列表框中添加项目时可以插入在列表项之间

D．列表框中的每个列表项都有一个索引位置

6. 执行下面 Visual Basic 程序，数组 a 中元素值是 w 的数据经过一系列位置变化后，其最终位置的下标是哪个选项？（　　）

```
Option Base 0
Private Sub Command1_Click()
  Dim w As Integer
  w = 20
  a = Array(10, 15, 6, 8, 93, 84, w)
  Dim i As Integer
  Dim j As Integer
  Dim t As Integer
  For i = 0 To 5
    For j = i + 1 To 6
      If a(i) > a(j) Then
```

```
            t = a(i): a(i) = a(j): a(j) = t
        End If
      Next j
    Next i
End Sub
```

A. 2　　B. 4　　C. 6　　D. 8

7. 在 Visual Basic 中，语句 Print InStr(2, "abcdeabfg", "ab")的输出结果是（　　）。

A. 0　　B. 1　　C. 5　　D. 6

8. 下面关于 Visual Basic 中工程的说法中正确的是（　　）。

A. 每个工程中只能包含一类文件

B. 工程中的启动窗体是不能改变的

C. 工程中的窗体当创建以后是不能被删除的

D. 工程也是有属性的

9. 在 Visual Basic 中，下列关于属性、事件、方法、对象的说法中正确的是（　　）。

A. 可以通过改变对象的属性值来改变对象的特性

B. 事件必须在鼠标单击或双击对象后触发

C. 所有对象都设置了相同的方法

D. 窗体不是对象，按钮是对象

10. 执行下面 Visual Basic 程序，最后输出的 s 值是（　　）。

```
Dim a As Integer
Dim s As Integer
a = 1
s = 0
For i = 1 To 3
  a = i
  For j = 1 To a
    s = s + a
  Next j
  i = j
Next i
Print s
```

A. 6　　B. 8　　C. 10　　D. 12

二、判断题

11. 在 Visual Basic 中，控件的属性在任何状态下都可以修改。（　　）

三、填空题

12. 在 Visual Basic 中，对于数组 A(2 To 3, 4 To 6)，它的第二维的下界为________。

13. Visual Basic 的表达式(10 > 8) And (−3 < 3) And (10 < 8) Or (5 > 14)的结果是________。

四、程序分析题

14. 阅读下面的 Visual Basic 程序，程序运行后 sum 的值是________。

```
Private Sub Command1_Click()
    Dim a(10) As Integer
    Dim i As Integer
    Dim j As Integer
    Dim num As Integer
    Dim sum As Integer
    sum = 0: a(0) = 1
    For i = 0 To 10
        For j = 1 To 9
            num = 1 + Int(91 * Rnd)
            If num = a(i) Then a(j) = num: sum = sum + a(j) Else j = j - 1
        Next j
        If j = 10 Then Exit For
    Next i
    Print sum
End Sub
```

15. 分析下面 Visual Basic 程序段。窗体中有一命令按钮（名称为 C6_1），窗体启动后单击命令按钮，w 的输出值为________。

```
Private Sub C6_1_Click()
    Dim i As Integer
    Dim w As Integer
    w = 1
    a = Array(1, 2, 3)
    b = Array(0, w, 4)
    For i = 0 To 2
        w = w + wz(a(i), w, b(i))
    Next i
    Print w
End Sub

Private Function wz(ByVal x As Integer, y As Integer, ByVal z As Integer)
    Dim t As Integer
    t = x: x = y: y = t
```

```
    z = z + 1
    wz = z
End Function
```

16. 分析下面 Visual Basic 程序段，程序执行后，输出语句 Print st 执行的结果是________。

```
Open "c6_2.txt" For Output As #1
Print #1, "k01234"
Print #1, "t12345"
Print #1, "p23456"
Print #1, "m34567"
Close #1
Open "c6_2.txt" For Input As #1
Line Input #1, st
Seek #1, 2
Line Input #1, st
Print st
Close #1
```

五、程序改错题

17. 有两个数组：a = Array("zhao", "qian", "sun", "li", "zhou", "wu")，b = Array(20, 31, 82, 73, 44, 25)。

数组 a 表示的是六个人的姓名，数组 b 表示的是与数组 a 中对应位置上的人的年龄，而且年龄中的个位数与他们在数组中的位置一致，年龄段在 10～99。下面程序的功能是：输入一个年龄，然后查找输入的年龄在数组 b 中是否存在，如果存在，则显示其姓名，如果不存在，则程序直接结束。程序如下，程序中有 2 处错误，请指出错误并改正。

```
a = Array("zhao", "qian", "sun", "li", "zhou", "wu")
b = Array(20, 31, 82, 73, 44, 25)
Dim i As Integer
Dim pos As Integer
Dim flag As Integer
Dim j As Integer
flag = 0
pos = InputBox("请输入查询人的年龄")
j = pos - Int(pos / 10) * 10
For i = 0 To 5 Step 1
  If pos = a(j) Then flag = 1
Next i
If flag = 0 Then End
Print a(pos)
```

18. 窗体中（运行状态如图所示）有一定时器控件（名称 Timer1，初始状态 Enabled 为 False）、三个标签（用于显示控件名称）、一滚动条（名称 HS1，最大值为 10，最小值为 0）、一列表框（名称 List1，初始状态为空），一文本框（名称为 Text1，初值为 9876543210，）、一命令按钮（名称 Command1，Caption 属性值为启动）。启动按钮完成的操作是：（1）计时器开始工作；（2）设置滚动条的 value、max 和 min 属性值。定时器工作时每隔一定时间触发一次事件，Timer 事件中完成 4 项工作：（1）从文本框右侧取若干个字符放入文本框中；（2）把文本框中的内容添加到列表框中；（3）滚动条的值减 1；（4）当滚动条的值为 0 时计时器停止工作。

程序中的 2 处错误分布在每个事件中，请指出错误并改正（请结合程序认真观察窗体运行界面，不能改变程序行数，不能增加函数）。

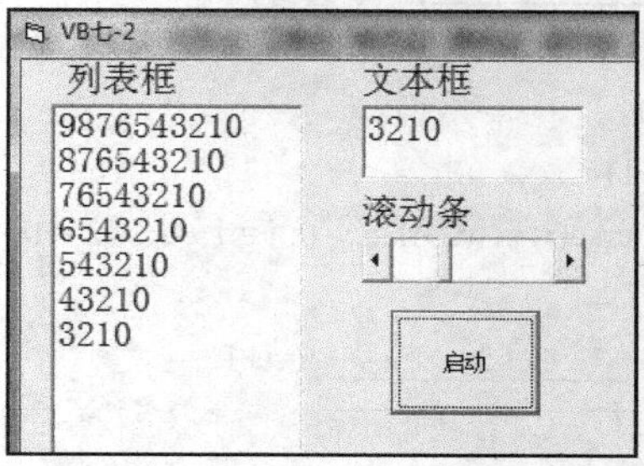


```
Private Sub Command1_Click()
    HS1.Min = 0
    HS1.Max = 10
    HS1.Value = 1
    Timer1.Enabled = True
End Sub

Private Sub Timer1_Timer()
    Text1.Text = Right(Text1.Text, 9)
    List1.AddItem Text1.Text
    HS1.Value = HS1.Value - 1
    If HS1.Value =0 Then Timer1.Enabled = False
End Sub
```

六、程序填空题

19. 下面程序的功能是从键盘输入长度小于 20 个字符的字符串，以“#”结束，然后对字符串从左端进行处理。处理方法：把字符串中数字内容放入数组 a 的元素中，存放时要求每个元素放一个两位数字，最后如果剩一个一位数字则单独存放。如输入的字符串为“12abc3d456e7f#”，则 12、34、56、7 分别存放到数组 a 的前四个元素中。请将程序代码补充完整。

```
Private Sub Command1_Click()
Dim a(10) As Integer
Dim c As String
Dim w1 As String              ' 从字符串中取出一个字符
```

```
Dim w2 As String            ' 用来存放存入数组中的数据
Dim flag As Integer         ' 表示每次获取了几位数字
Dim i As Integer
i = 0: w2 = 0
c = InputBox("请输入字符串，以#结束：")
w1 = Left(c, 1)
Do While w1 <> "#"
   If w1 >= "0" And w1 <= "9" Then
      flag = flag + 1
      w2 = ______(1)______ + Val(w1)
   End If
   c = Mid(c, 2)
   w1 = Left(c, 1)
   If flag = 2 Then a(i) = w2: flag = 0: i = i + 1: w2 = 0
Loop
If flag > 0 Then ______(2)______ :i=i+1
For flag = 0 To i-1
Print a(flag);
Next flag
End Sub
```

20. 窗体中有一列表框（名称为 List1）、一文本框（名称为 Text1）、一命令按钮（名称 Command1），窗体启动时的 Load 事件代码已给出。每次单击“开始”命令按钮时将把列表框中选择的条目内容添加到数组，并把列表框中选择的条目删除，然后把数组中的元素值添加到文本框中（如下图所示，图中上方控件为列表框，下方控件为文本框）。请在空白位置写出正确的内容。

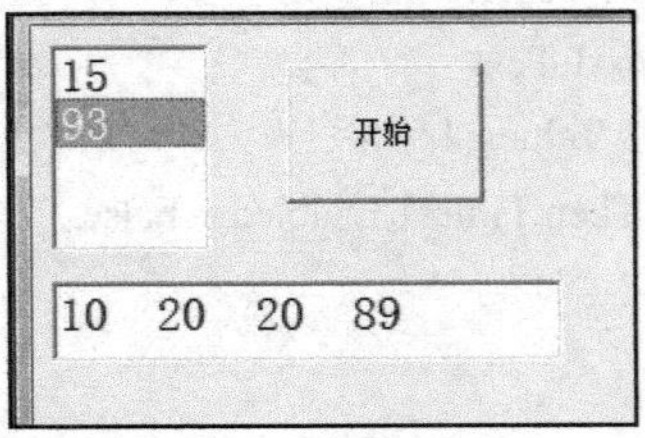


```
Private Sub Form_Load()
   List1.AddItem "10"
   List1.AddItem "20"
   List1.AddItem "15"
   List1.AddItem "20"
   List1.AddItem "89"
   List1.AddItem "93"
End Sub

Private Sub Command1_Click()
```

```
    Static a(6) As Integer
    Dim i As Integer
    Static j As Integer
    For i = ______(1)______ To 0 Step -1
      If List1.Selected(i) Then
        a(j) = Val(List1.List(i))
        j = j + 1
        List1.RemoveItem i
        Exit For
      End If
    Next i
    Text1.Text = ""
    For i = 0 To ______(2)______
      Text1.Text = Text1.Text & a(i) & "  "
    Next i
End Sub
```

模拟试卷四

一、选择题

1. 在 Visual Basic 中，Print Len("ABab 河北")的值是（　　）。

A．4　　B. 6　　C. 8　　D. 12

2. 在 Visual Basic 中，当窗体被装载时触发的事件是（　　）。

A．Unload　　B. Click　　C. Load　　D. DblClick

3. 在 Visual Basic 中，决定对象是否可见的属性是（　　）。

A．Enabled　　B．See　　C. Name　　D.Visible

4. 在 Visual Basic 中，声明数组 Dim A(1 to 100,-3 to 4)，则 Ubound(A,2)的值是（　　）。

A. 1　　B. 100　　C. −3　　D. 4

5. 下列关于 Visual Basic 中控件属性的说法不正确是（　　）。

A. 控件都有 Name 属性

B. 有些控件有相同的属性

C. 每个控件规定了一个默认属性，在对控件的这个属性进行操作时可不写属性名

D. 同一窗体中的同类控件，它们的属性值都一样

6. 在 Visual Basic 中，关于对象的说法正确的是（　　）。

A. 程序运行时所有对象的位置不能改变

B. 所有对象的大小都是可以改变的

C. 对象在程序运行时都是可见的

D. 有些对象中还可以包含其他对象

7. 在 Visual Basic 中，语句 Print Mid("ABCDEFG", 2, 3) = "123"的输出结果是（　　）。

A. False　　B. True　　C．A123EFG　　D. 123

8. 下面 Visual Basic 表达式中不合法的是（　　）。

A. "12"+12　　B. "ab"+"12"　　C."ab"+12　　D.Now+1

9. 在 Visual Basic 程序运行过程中可以用来输入文本的函数是（　　）。

A. Msgbox　　　B. Inputbox　　　C. Rnd　　　D. 文本框

10. 执行下面 Visual Basic 程序，最后输出的 s 值是（　　）。

```
Dim a As Integer, i As Integer
Dim b As Integer, j As Integer
Dim s As Integer
a = 5
b = 10
s = 0
For i = 1 To a
    b = 5
    For j = 1 To b
        s = s + b
        b = b - 1
    Next j
Next i
Print s
```

A. 15　　　B. 30　　　C. 45　　　D. 75

二、判断题

11. 在 Visual Basic 中，不同模块中的变量可以重名。（　　）

三、填空题

12. 在 Visual Basic 中，当设置文本框的 PasswordChar 属性为"*"，程序运行后在文本框中输入"123"，则用 Print 输出文本框的内容时显示的是__________。

13. Visual Basic 表达式(10 < 8) And (10 > 8) Or (5 > 4) And (-3 < 3)的值是__________。

四、程序分析题

14. 运行下面的 Visual Basic 程序，输出结果中有__________个偶数。

```
Private Sub Command1_Click()
   Dim a(10) As Integer
   Dim i As Integer
   Dim j As Integer
   Dim num As Integer
   For i = 0 To 10
      num = 10 + Int(11 * Rnd)
      For j = 0 To i
         If num = a(j) Then Exit For
      Next j
      If j > i Then a(i) = num Else i = i-1
```

```
    Next i
    For i = 0 To 10
        Print a(i);
    Next i
End Sub
```

15. 分析下面 Visual Basic 程序段。窗体中有一命令按钮（名称为 C6_1），窗体启动后单击命令按钮，w 的输出值为__________。

```
Private Sub C6_1_Click()
    Dim i As Integer
    Dim j As Integer
    Dim w As Integer
    a = Array(1, 2, 3, 4)
    b = Array(5, 6, 7, 8)
    For i = 0 To 3
        w = w + fu(a(i), b(i))
        w = w + a(i)
    Next i
    Print w
End Sub

Private Function fu(ByVal x As Integer, ByVal y As Integer)
    Static k As Integer
    k = k + 1
    x = x + y
    y = x - y
    x = x - y
    fu = k
End Function
```

16. 下面程序段是对顺序文件进行操作的 Visual Basic，程序运行后，语句 Print score 的输出结果是__________。

```
Open "c6_2.txt" For Output As #1
Print #1, "k1"; "k2"; "k3"
Print #1, "12"; "34"; "56"
Print #1, "p1"; "p2"; "p3"
Print #1, "88"; "99"; "77"
Close #1
Open "c6_2.txt" For Input As #1
Seek #1, 10
Line Input #1, score
Print score
Close #1
```

五、程序改错题

17. 下面的程序是利用随机函数产生 10 个 10～100 的随机整数，并按由小到大的顺序放入数组 a 中（提示：题目中的语句 Goto x 是转移到标号 x 位置执行）。

程序中有 2 处错误，请指出错误并改正。

```
Dim a(10) As Integer
Dim num As Integer
Dim i As Integer
Dim j As Integer
Dim k As Integer
For i = 1 To 10
  k = i
  num = 10 + Int(Rnd * 91)
  For j = 1 To i-1
     If num < a(j) Then GoTo 20
  Next j
  a(i) = num
10:
Next i
GoTo 30
20:
For m = k To j
  a(m + 1) = a(m)
Next m
a(j) = num
GoTo 10
30:
For i = 1 To 10
   Print a(i);
Next i
Print
```

18. 窗体中（如图所示）有一个定时器控件（名称为 Timer1)、三个标签（Caption 属性分别是滚动条、组合框、列表框)、一个滚动条（名称为 HS1，Min 和 Max 的属性初值分别为 0 和 5，Value 初值为 0)、一个组合框（名称为 Combo1)、一个列表框（名称为 List1)、一个框架（框架中有两个复选框，名称分别为 Check1 和 Check2)，其中，组合框和列表框初始为空。

程序的功能是：窗体启动后，定时器开始工作，工作时每隔 3s 触发一次事件，Timer 事件中完成 4 项工作：（1）滚动条的值加 1；（2）向组合框中添加滚动条的 Value 值；（3）调用 Combo1_Change 过程；（4）当滚动条的值为 5 时定时器停止工作。在 Combo1_Change 过程中，要将滚动条当前值加上复选框中当时所有选中项的标题添加到列表框中，Combo1_Change 过程中只给出了部分程序，省略的程序都是正确的。

程序中有 2 处错误，请指出错误并改正。

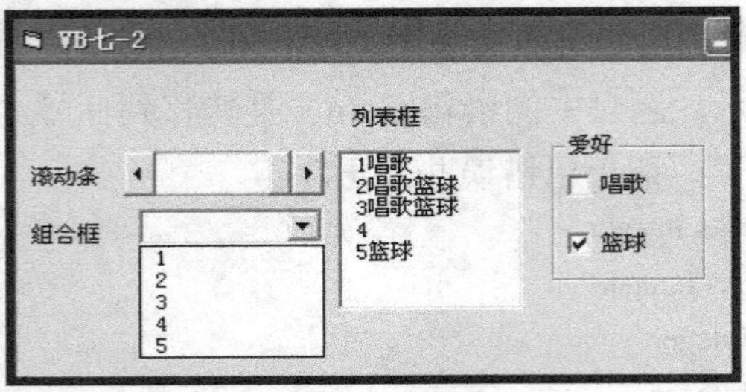


```
Private Sub Combo1_Change()
    List1.AddItem HS1.Value
    If Check1.Value = True Then
        List1.List(HS1.Value - 1) = List1.List(HS1.Value - 1) + Check1.Caption
    End If
    …………
End Sub

Private Sub Timer1_Timer()
    HS1.Value = HS1.Value + 1
    Combo1.AddItem HS1.Value
    Combo1_Change
    If HS1.Value = 5 Then Timer1.Visible = False
End Sub
```

六、程序填空题

19. 下面程序运行时输入长度少于 20 个字符的字符串，以“#”结束，然后对字符串从左进行处理。处理方式：把数字和非数字内容分别放入两个数组，数组 a 存放数字，数组 b 存放非数字，存放时把相邻的数字或非数字内容作为一个整体进行存放，如输入的字符串为“12abc3d456ef#”，则 12、3、456 分别存放到数组 a 的前三个元素中，abc、d、ef 分别存放到数组 b 的前三个元素中。请将以下程序代码补充完整。

```
Dim a(20) As Integer
Dim b(20) As String
Dim c As String
Dim i As Integer
Dim j As Integer
Dim w1 As String
Dim w2 As String
Dim m As Integer
Dim n As Integer
c = InputBox("请输入 c$=", "输入数据")
c = Trim(c)
w1 = Left(c, 1)
```

```
    c = Mid(c, 2)
    Do While w1 <> "#"
        If w1 >= "0" And w1 <= "9" Then
            w2 = Left(c, 1)
            c = Mid(c, 2)
            Do While w2 >= "0" And w2 <= "9" And w2 <> "#"
                w1 = w1 * 10 + w2
                w2 = Mid(c, 1, 1)
                c = Mid(c, 2)
            Loop
            a(i) = w1
            i = i + 1
            i = i + 1
            ____（1）____
            w2 = Left(c, 1)
            c = Mid(c, 2)
            Do While Not (w2 >= "0" And w2 <= "9") And w2 <> "#"
                w1 = w1 + w2
                w2 = Left(c, 1)
                c = Mid(c, 2)
            Loop
            b(j) = w1
            j = j + 1
        End If
        w1 = w2
    Loop
    If w1 >= "0" And w1 <= "9" Then
        a(i) = w1
        i = i + 1
    Else
        If ____（2）____ Then
        b(j) = w1
        j = j + 1
        End If
    End If
    For m = 0 To i-1
        Print a(m);
    Next m
    For n = 0 To j-1
        Print b(n); "    ";
    Next n
```

20. 窗体中（如图所示）有 5 个标签，其中 4 个标签显示姓名、照片、滚动条、个人信息 4 项提示信息，另外一个标签（Label5）显示“年龄是：12”；一个文本框（名称为 Text1）用来输入多个姓名；一个图片框用于显示动物图片；一个框架，框架中有两个单选按钮（名称分别为 Option1，Option2）用来选择性别；一个列表框（名称为 List1）用来显示个人信息；一个滚动条（名称为 HS1）；一个命令按钮。当移动滚动条后在 Label5 上显示滚动条的值作为年龄的信息。当单击命令按钮后将把选中的姓名、性别、滚动条移动产生的值作为年龄在列表框中显示出来，并根据选择的姓名把此人的照片（以姓名作为照片的名字，扩展名为 bmp）在图片框中显示出来。请将以下程序代码补充完整。

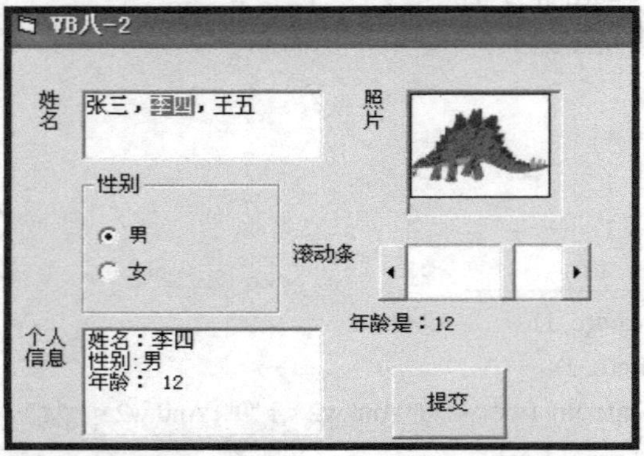


```
Private Sub Command1_Click()
   Dim xm As String
   xm = Text1.________(1)________
   Picture1.Picture = LoadPicture("d:\" & xm & ".bmp")
   List1.AddItem "姓名：" + xm
   If Option1.Value = True Then List1.AddItem "性别:" + Option1.Caption
   If Option2.Value = True Then List1.AddItem "性别:" + Option2.Caption
   List1.AddItem "年龄：" + Str(HS1.Value)
End Sub

Private Sub HS1_Change()
   ________(2)________ = "年龄是：" & HS1.Value
End Sub
```

模拟试卷五

一、选择题

1. 在 Visual Basic 中，Print "12" + 45 语句执行的结果是（　　）。

   A. 1245　　B.57　　C. "12" + 45　　D. 类型错

2. 在 Visual Basic 中，关于文件保存的说法正确的是（　　）。

   A．只保存扩展名是.frm 的文件

   B. 只保存扩展名是.vbp 的文件

   C. 只保存扩展名是.bas 的文件

   D. 扩展名是.frm、.vbp、.bas 的三类文件都可以保存

3. 在 Visual Basic 中，设置窗体 Form1 的标题为“VB 程序窗体”的指令是（　　）。

   A．Form1.name="VB 程序窗体"　　B．Form1.top="VB 程序窗体"

   C．Form1.caption="VB 程序窗体"　　D．Form1.topic="VB 程序窗体"

4. 阅读下面 Visual Basic 程序，最后一行的输出结果是（　　）。

```
a = -262: b = 5
c = Len(Str(a) + Str(b))
Print c
```

   A．4　　B．5　　C．6　　D．7

5. 设 a = 2: b = 4: c = 7: d = 8，Visual Basic 程序表达式 Not a < b Or c = 9 And d <> 9 的值是（　　）。

   A．1　　B．-1　　C．True　　D．False

6. 在 Visual Basic 中，向图片框（picture1）装入图片（c:\a.jpg）的语句正确的是（　　）。

   A．picture1.Picture =Load("c:\a.jpg")

   B．picture1.Picture.Load("c:\a.jpg")

   C．picture1.Picture =Loadpicture("c:\a.jpg")

   D．picture1.Picture =Loadpicture.Load("c:\a.jpg")

7. 在 Visual Basic 中，关于控件说法不正确的是（　　）。

   A．可以创建控件数组　　B．控件都有名称

   C．控件都有单击事件　　D．用 Visible 属性可以改变某些控件的可见性

8. 在 Visual Basic 中，表示 1978 年 10 月 20 日的正确格式是（　　）。

A．10-20-1978　　B．10/20/1978

C．#1978.10.20#　　D．#10-20-1978#

9. 在 Visual Basic 中，文本框的默认属性是（　　）。

A．Caption　　B．Text　　C．SelText　　D．Selstart

10. 在 Visual Basic 中，下面关于双击窗体要触发的事件说法中正确的是（　　）。

A．只触发 Click 事件　　B．只触发 DblClick 事件

C．可以触发 Click 和 DblClick 事件　　D．可以触发 Load 和 DblClick 事件

二、判断题

11. 在 Visual Basic 中，write #语句把数据写入顺序文件中，print #语句把顺序文件中的内容打印出来。（　　）

三、填空题

12. 在 Visual Basic 中，获得命令按钮的标题使用的属性是__________。

13. 代数式 $3x\left(\sqrt{x+1}+x\right)$ 在 Visual Basic 中的相应表达式是__________。

四、程序分析题

14. 阅读下面的 Visual Basic 程序，分析程序中 n = n + 1 的执行次数是__________。

```
Dim m As Integer, n As Integer
Dim j As Integer, k As Integer
m = 3
For j = 1 To m Step 1
  For k =-j To 3 Step 2
    n = n + 1
  Next k
  m=4
Next j
Print n
```

15. 窗体中有一命令按钮，此按钮单击事件程序如下。窗体启动后单击命令按钮，最后 m 的值是__________。

```
Private Sub Command1_Click()
  Dim m As Integer
  Dim a As Integer
  Dim b As Integer
  a = 1: b = 2: m = 0
  m = vb1(a, b)
  m = m + a+b
  Print m
End Sub
```

16. 如图所示，图中有一个文本框（名称为 T1）、两个选项按钮（名称分别为 Op1，Op2）、两个复选框（名称分别为 Ch1，Ch2）、两个框架、一个命令按钮（Command1），命令按钮的单击事件代码如下。窗体启动后，先选中如图所示的各选项，然后再单击命令按钮，此时文本框中显示的内容是__________。

提示：函数“Instr(位置,字符串 1,字符串 2)”的功能为返回字符串 2 在字符串 1 中的起始位置，如果找不到则返回值是 0，位置表示从第几个字符开始查找。

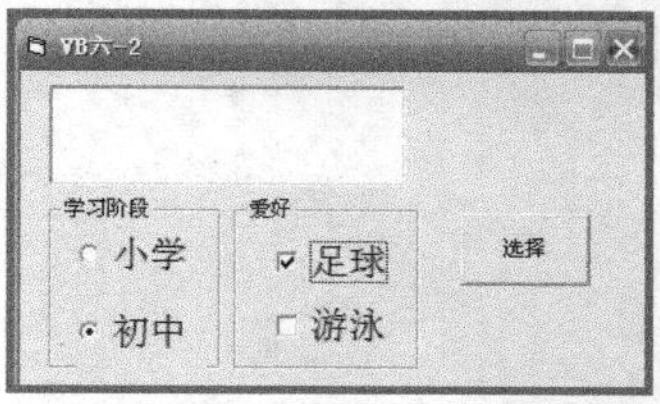


```
Private Sub Command1_Click()
    T1.Text = ""
    If Op1.Value = True Then
        T1.Text = T1.Text + Mid(Op1.Caption, InStr(1, LCase(Op1.Value), "true"), 2)
    End If
    If Op2.Value = True Then
        T1.Text = T1.Text + Mid(Op2.Caption, InStr(1, LCase(Op2.Value), "true"), 2)
    End If
    T1.Text = T1.Text + Mid(Ch1.Caption, 1, Ch1.Value + 1)
    T1.Text = T1.Text + Mid(Ch2.Caption, 1, Ch2.Value + 1)
End Sub
```

五、程序改错题

17. 下面的程序是将一输入的字符串进行分类赋值，方法：从字符串的最左端开始截取一字符，然后进行判断，数字字符放入数组 a 中，将其他字符放入数组 b 中，然后继续处理下一个字符，直至全部处理完，最后分类打印。程序中有 2 处错误，请指出错误并改正。

```
Dim a(100) As Integer
Dim b(100) As Integer
Dim c As String
Dim i As Integer
Dim j As Integer
Dim k As Integer
Dim m As Integer
Dim w As String
c = InputBox("c=", "", "")
k = Len(c)
For i = 1 To k
    w = Right(c, 1)
```

```
        c = Right(c, k - 1)
        If w >= "0" And w <= "9" Then
            a(j) = w: j = j + 1
        Else
            b(m) = Asc(w): m = m + 1
        End If
        c=c-w
    Next i
    Print
    For i = 0 To j−1
        Print a(i);
    Next i
    Print
    For i = 0 To m−1
        Print Chr(b(i));
    Next i
    Print
```

18. 窗体中（如图所示）有一个定时器控件（名称为 Timer1，每 2s 触发一次 Timer 事件）、两个标签（用于提示后面的控件名称）、一个文本框 Text1、一个滚动条（名称为 HS1）。窗体启动后（此图为窗体刚启动时的状态），滚动条根据计时器事件向右移动，但当单击滚动条左端后，滚动条开始向左移动，当单击滚动条右端后，滚动条开始向右移动，文本框中的文字大小随滚动条的值的变化而变化。窗体通用部分声明了两个变量，后面给出了三个事件过程。窗体通用部分声明代码如下。程序中共有 2 处错误，分布在三个事件过程中（每个事件过程中最多有一处错误），请找出错误行并改正。（提示：Form_Activate()表示窗体变为活动窗体后触发的事件）

```
Dim A As Integer        '变量 A 用于确定滚动框向左（为 0）还是向右（为 1）滚动
Dim W As Integer

Private Sub Form_Activate()
    W = HS1.Value
    A=0
End Sub

Private Sub HS1_Change()
  If W <HS1.Value Then
     A = 0
```

```
    Else
       A = 1
    End If
    W = HS1.Value
End Sub

Private Sub Timer1_Timer()
    If Text1.FontSize < 10 Then Text1.FontSize = 11
    If Text1.FontSize > 80 Then Text1.FontSize = 79
    If A = 1 Then
       Text1.FontSize = Text1.FontSize + 1
    Else
       Text1.FontSize = Text1.FontSize-1
    End If
End Sub
```

六、程序填空题

19. 下面的程序前部分功能考生自己分析，后部分功能是输入一个数据，然后在数组中找此数据，若找不到，则程序结束，若找到，则将数组元素下标小于此数据下标的数据由大到小排列并输出，请将程序补充完整。

```
Dim a(9) As Integer
Dim i As Integer
Dim t As Integer
a(0) = 20 + Int(Rnd * 91)
For i = 1 To 9
   t = 20 + Int(Rnd * 91)
   If t < a(i - 1) Then
      i = i - 1
   Else
      a(i) = t
   End If
Next i
For i = 0 To 9
   Print a(i);
Next i
Print
t = InputBox("input t=", "")
For i = 0 To 9
   If t = ____（1）____ Then
      Exit For
   End If
Next i
```

```
If i = 10 Then End
i = i - 1
For k = 0 To i /______(2)______
   t = a(k)
   a(k) = a(i - k)
   a(i - k) = t
Next k
For i = 0 To 9
   Print a(i);
Next i
```

20. 下面程序可以打印一个“九九表”(完整九行或部分行)，思路是：在窗体中加入两个文本框，第一个文本框（Text1）用于指定输出“九九表”的起始行，第二个文本框用于指定输出“九九表”的结束行，如在第一个文本框中输入 2，在第二个文本框中输入 6，则可打印出如图所示的第 2～第 6 行。命令按钮的单击事件中有打印“九九表”的程序，请在空白位置填写正确的命令（程序要求：第一个文本框中的数字必须比第二个文本框中的数字小，两个文本框不能为空）。

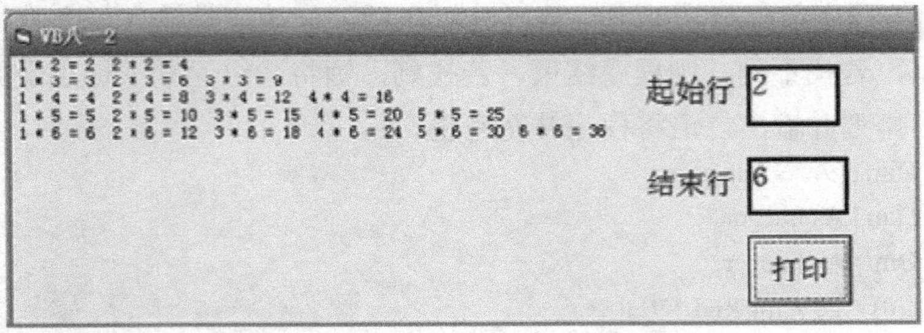


```
Private Sub Command1_Click()
  Dim a As Integer
  Dim b As Integer
  If Text1.Text <> "" ______(1)______ Text2.Text <> "" Then
    a = Text1.Text
    b = Text2.Text
    If a < b Then
      Dim i As Integer
      Dim j As Integer
      For i = a To b
        For j = 1 To i
          Print j; "*"; i; "="; ______(2)______ ;
        Next j
        Print
      Next i
    Else
      MsgBox "起始行大于结束行，重新输入！"
      Text1.Text = ""
```

```
            Text2.Text = ""
            Text1.SetFocus
        End If
    Else
        MsgBox "文本框中不能为空"
        Text1.SetFocus
    End If
End Sub
```

模拟试卷六

一、选择题

1. 在 Visual Basic 中，Lcase("12ABcd34")的值是（　　）。

A. abcd　　B. 1234　　C. 12ABCD34　　D. 12abcd34

2. Visual Basic 窗体模块文件的扩展名是（　　）。

A. .frm　　B. .win　　C. .vbg　　D. .bas

3. 在下面选项中，哪个不是 Visual Basic 中的对象？（　　）

A. 窗体　　B. 命令按钮　　C. 属性　　D. 定时器

4. 下面关于 Visual Basic 中对象的方法的说法中不正确的是（　　）。

A. 方法是对象的动作　　B. 文本框有方法

C. 窗体有方法　　D. 方法后必须跟有被操作的对象

5. 下面关于 Visual Basic 中复选框的 Value 属性的说法中不正确的是（　　）。

A. 可以有三个值 0、1、2

B. 其值不能通过赋值语句改变

C. 其值是整数类型

D. 当值为 1 时表示被选中

6. 在 Visual Basic 中，下面关于窗体中命令按钮的说法中正确的是（　　）。

A. 通过指令可以改变位置，但大小不能改变

B. 通过指令不能改变位置，但大小可以改变

C. 位置、大小均不能改变

D. 通过指令可以改变位置和大小

7. 在 Visual Basic 中，如果要产生 5～35（含 5 和 35）的随机整数，下面哪个公式正确？（　　）

A. Int(30*Rnd)+5　　B. 5+Int(31*Rnd)

C. Int(5+31)*Rnd　　D. 40−5*Int(Rnd)

8. 下面不是 Visual Basic 合法数据的是（　　）。

A. 2E2.1　　B. 2%　　C. "A+A"　　D. True

9. 在 Visual Basic 中表示一个文本框（名称为 Text1）选定内容的是哪个选项？（　　）

A. Text1.SelLength　　B. Text1.Text

C. Text1.SelText　　D. Text1.SelStart

10. 执行 Visual Basic 语句 Print "12"+"45"后的结果是（　　）。

A. 1245　　B. 57　　C. 5421　　D. 语句有语法错误

二、判断题

11. 在 Visual Basic 中，对于一个窗体中的多个选项按钮，不管通过什么方法设计，运行时每次只能选一个。（　　）

三、填空题

12. 在 Visual Basic 中，从顺序文件中文件指针的当前位置读取指定长度的字符串的函数名是__________。

13. 代数式 $\sqrt{s(s-a)(s-b)(s-c)}$ 在 Visual Basic 中的算术表达式是__________。

四、程序分析题

14. 阅读下面的 Visual Basic 程序，程序中 k=k+a 的执行次数是__________次。

```
Dim a As Integer
Dim i As Integer
Dim j As Integer
Dim k As Integer
a = 0
k = 0
For i = 1 To 10
    For j = 1 To i
        a = a + i + j
        k = k + a
        k=k-1
    Next j
Next i
```

15. 分析下面 Visual Basic 程序段，程序运行后 s 的值是__________。

```
Dim i As Integer
Dim j As Integer
Dim s As Integer
Dim a(2 To 4, 3 To 7) As Integer
s = 0
For i = 1 To 2
  For j = 1 To 2
```

```
        If    (i + j) Mod 2 = 0 Then
            s = s + LBound(a, j)
        Else
            s = s + UBound(a, j)
        End If
    Next j
Next i
Print s
```

16. 分析下面 Visual Basic 程序段。如图所示，图中有两个列表框：左边的是 List1，右边的是 List2，以及一个命令按钮 Command1，窗体和命令按钮的单击事件中均有代码，程序段如下。窗体启动后先单击窗体，然后选中如图所示的列表框中的项目，再单击命令按钮，左边列表框中显示的内容是__________。

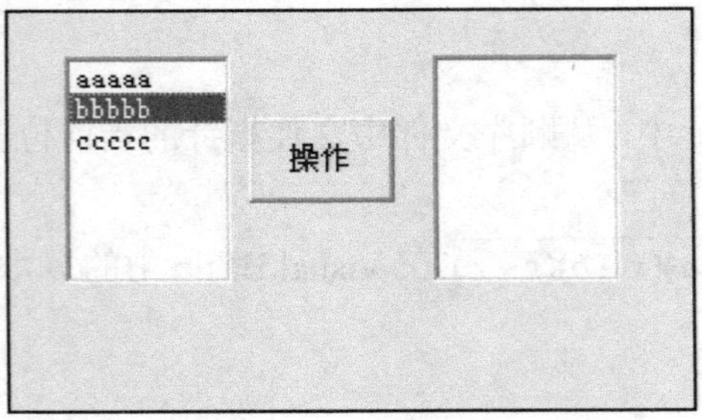


```
Private Sub Form_Click()
    List1.AddItem "aaaaa"
    List1.AddItem "bbbbb"
    List1.AddItem "ccccc"
End Sub

Private Sub Command1_Click()
    Dim k As Integer
    k = List1.ListCount - 1
    List2.AddItem List1.List(List1.ListIndex)
    List1.RemoveItem List1.ListIndex
    List1.RemoveItem k-1
End Sub
```

五、程序改错题

17. 下面的程序的功能是将一个十进制整数转换成二进制数，转换后按位放到一维数组 a 中，然后输出。如输入数据 8，将输出 1 0 0 0。程序中有 2 处错误，请指出错误并改正。

```
Dim a(10) As Integer
Dim k As Integer
Dim yu As Integer
```

```
Dim i As Integer
i = 1
k = InputBox("input k")
Do While k < > 0
  yu = k\2
  a(i) = yu
  k = k\2
  i = i + 1
Loop
For yu = i To 1 Step -1
  Print a(yu);
Next yu
```

18. 窗体中有一个定时器控件 Timer1、一个命令按钮 Command1、一个文本框 Text1，命令按钮的作用是启动定时器，每 2s 触发一次定时器的 Timer 事件，定时器的 Timer 事件是使文本框的字号从 6 开始增加，当字号大于 40 后又重新从 6 开始。运行效果图如下。程序中有 2 处错误（每个事件中各有一处），请指出错误并改正。

```
Private Sub Command1_Click()
  Timer1.Interval = 1000
  Timer1.Enabled = True
End Sub

Private Sub Timer1_Timer()
  Dim a As Integer
  a = a + 1
  Text1.FontSize = 6 * a
  If Text1.FontSize > 40 Then a = 0
End Sub
```

六、程序填空题

19. 有 10 个元素的一维数组 a，已经按由小到大的顺序排列好，现输入一个数据，然后在数组中查找此数据，若找到，则求不大于它的元素之和。程序代码如下，请补充完整。

```
Option Base 1

Dim a
Dim k As Integer
```

```
Dim s As Integer
Dim i As Integer
Dim b As Integer          ' 要比较的数据
a = Array(-2, 4, 7, 8, 12, 25, 26, 31, 89, 95)
b = InputBox("请输入数据", "", "")
s = 0
For i = 1 To 10
  If b = a(i) Then ____(1)____
Next i
If i <= 10 Then
  For k = 1 To ____(2)____
    s = s+a(k)
  Next k
End If
Print s
```

20. 窗体中有三个标签、三个文本框（从上到下依次是 Text1、Text2、Text3），一个命令按钮 Command1。三个标签用来标示右边文本框的用途，Text1 用来输入数据，数据之间用空格分开，Text2 用来存放奇数的和，Text3 用来存放偶数的和。在 Text1 中输入一组数据后，单击求和命令按钮，Text2 将显示 Text1 中的奇数的和，Text3 中将显示 Text1 中偶数的和，程序代码如下，请补充完整。

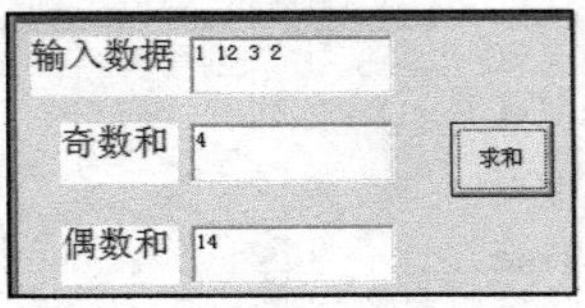


```
Private Sub Command1_Click()
  Dim s As String           ' 存放 Text1 中的字符串
  Dim c As String
  Dim c1 As String          ' 每次取出的一个字符
  Dim k As Integer
  Dim w As Integer          ' Text1 中字符串的长度
  Dim i As Integer
  Dim t1 As Integer         ' 奇数和
  Dim t2 As Integer         ' 偶数和
  i = 0
  t1 = 0
  t2 = 0
  s = Trim(Text1.Text)
  w = Len(s)
  c = ""
  c1 = Mid(s, 1, 1)
  i = i + 1
```

```
    Do While i <= w
      Do While c1 <> Chr(32) And ________(1)________ ' Chr(32)表示空格
          c = ______(2)______
          i = i + 1
          c1 = Mid(s, i, 1)
      Loop
      k = Val(c)
      If k Mod 2 < > 0 Then t1 = t1 + k Else t2 = t2 + k
      i = i + 1
      c1 = Mid(s, i, 1)
      c = ""
    Loop
    Text2.Text = t1
    Text3.Text = t2
End Sub
```

附　录

附录 1　Visual Basic 程序设计考试大纲

1. Visual Basic 的基本概念

（1）掌握面向对象程序设计的基本概念，包括对象、属性、方法、事件及事件驱动机制。

（2）掌握开发 Visual Basic 应用程序的一般步骤。

（3）掌握工程的概念和组成。

（4）了解工程组的概念。

2. Visual Basic 语言基础

（1）理解程序代码的组织方式：过程（事件过程、通用过程）与模块（窗体模块、标准模块）。

（2）掌握程序代码的书写规则。

（3）掌握数据与数据类型。

（4）掌握不同类型变量的表示方法。

（5）掌握变量命名；全局变量、局部变量和静态变量的使用；变量的作用域。

（6）掌握数组命名及定义、数组类型、数组结构、数组赋值。

（7）掌握静态数组，了解动态数组及数组重定义。

（8）掌握运算符表达式；包括算术运算、关系运算、逻辑运算与字符串运算，以及各种运算的优先级。

3. Visual Basic 的函数

（1）掌握算术函数：Abs、Exp、Log、Rnd、Sgn、Sqr。

（2）掌握字符串函数：Asc、Chr、LCase、UCase、Left、Len、Trim、Mid、Right、Space、String、InStr。

（3）掌握日期及时间函数：Time、Date、Now、Day、Month、Year、Weekday。

（4）掌握转换函数：Str、Val、Chr、Asc、Int。

（5）掌握用户交互函数：InputBox、MsgBox。

（6）了解函数：Cint、Fix、CBool、Cbyte、Cdbl、Cstr、Sin、Cos、Atn。

（7）掌握数组函数：Array、UBound、LBound。

4. Visual Basic 的设计界面

（1）掌握窗体的下列属性：Name、Caption、AutoRedraw、Enabled、Left、Height、Top、Width、Visible。

（2）了解窗体的属性：Font、BackColor、ForeColor、Icon。

（3）掌握窗体的常用方法：Move、Show、Hide、Print、Refresh、Cls。

（4）掌握窗体的事件：Click、DblClick、Load、UnLoad。

（5）了解窗体的事件：Activate、Deactivate；

（6）掌握文本框（Textbox）的属性：Text、SelLength、SelStart、SelText、PasswordChar。

（7）了解文本框的属性：Alignment、MaxLength、MultiLine。

（8）掌握文本框的事件：Change、LostFocus。

（9）了解标签（Label）的属性：Alignment、AutoSize。

（10）掌握命令按钮（CommandButton）的属性：Cancel、Default。

（11）掌握列表框（ListBox）的属性：List、ListCount、ListIndex、Text、Selected。

（12）了解列表框的属性：Columns、Sorted。

（13）掌握列表框的方法：AddItem、Clear、RemoveItem。

（14）掌握组合框（ComboBox）的属性：Text。

（15）了解组合框的属性：Style。

（16）掌握组合框的方法：AddItem、Clear、RemoveItem。

（17）掌握单选按钮（OptionButton）、复选框（CheckBox）及框架（Frame）的属性：Alignment、Value。

（18）掌握图片框（PictureBox）与图像（Image）控件的属性：AutoSize、Image、Picture。

（19）掌握图形文件的装入：LoadPicture。

（20）掌握定时器（Timer）的属性：Interval、Enabled。

（21）掌握定时器事件：Timer。

（22）掌握公共属性：Name、Caption、Enabled、Font、Height、Width、Index、Left、Top、Visible。

（23）掌握公共方法：Move、Refresh、Setfocus。

（24）掌握公共事件：Click、DblClick、LostFocus、Change。

（25）掌握窗体菜单的创建。

（26）掌握滚动条的属性：Max、Min、LargeChange、SmallChange、Value。

（27）掌握滚动条的事件：Scroll、Change。

5. Visual Basic 的基本语句

（1）掌握 Option Base 语句，了解 Otion Explicit 语句。

（2）掌握赋值语句。

（3）掌握分支结构语句：If…Then…Else、Select Case。

（4）掌握循环结构语句：Do While…Loop、For…Next，掌握双重循环运行过程。

（5）了解其他循环结构语句：Do…Until、While…Wend。

6. 过程设计

（1）掌握 Sub 过程（事件 Sub 过程及通用 Sub 过程）的定义和调用。

（2）掌握 Function 过程的定义及调用。

（3）掌握过程调用时的数据传递：按值传递、按地址传递、命名传递。

（4）了解简单变量参数、数组参数、对象参数的传递。

（5）了解静态过程。

（6）了解模块级变量及全局变量的应用。

（7）了解多窗体工程的设计。

7. 文件操作

（1）掌握文件的基本概念：文件的存取方式及文件类型、文件的基本操作步骤（打开、读/写及关闭）。

（2）了解基本文件操作控件：驱动器列表控件、文件夹列表控件及文件列表控件。

（3）掌握常用文件操作语句（Open、Close、Seek）、文件操作函数（Eof、Seek），以及顺序文件的打开、读/写及关闭。

（4）了解常用常用文件操作语句（Lock、Unlock）、文件操作函数（FileAttr、FireLen、FreeFile、Lof、Loc），以及随机文件及二进制文件的打开、读/写及关闭。

8. 图形处理及多媒体应用

（1）了解常用鼠标方法（MouseDown、MouseUp、MouseMove）。

（2）了解数据输出的格式化处理（Format 函数）。

（3）了解图形控件 Line、Shape 的使用及多媒体处理方法。

附录 2 VB 属性名、事件名及其含义

1. VB 中的属性名及其含义

属性名	含义
ActiveControl	活动控件
ActiveForm	活动窗体
Alignment	文本对齐类型
Align	指定图形在图片框中的位置
Archive	文本列表框是否含有文档属性
AutoRedraw	控制对象自动重画
AutoSize	控制对象自动调整大小
BackColor	背景颜色
BackStyle	指定线型与背景的结合方式
BorderColor	边框颜色
BorderStyle	边框类型
BorderWidth	边框宽度
Cancel	命令按钮是否为 Cancel
Caption	标题
Checked	菜单项加标记
ClipControls	设置 Paint 事件是否重画整个控件
Columns	指定列表框水平方向显示的列数
ControlBox	窗体是否有控制框
Count	对象的数量
CurrentX	当前 *X* 坐标
CurrentY	当前 *Y* 坐标
Default	指定默认按钮
DragIcon	控件拖动过程中作为图标显示
DragMode	拖动方式
DrawMode	绘图方式
DrawStyle	设置线型
DrawWidth	设置线宽

Drive	指定驱动器（驱动器列表框）
Enabled	对象是否可用
EXEName	活动文件名称
FileName	文件名
FileNumber	文件号
FillColor	填充颜色
FillStyle	填充方式
FontBold	字体加粗
FontCount	字体种类计数
FontItalic	字体斜体
FontName	字体名称
Fonts	按序号返回可用字体名称
FontSize	字体大小
FontStrikethru	加中画线
FontTransparent	字体与背景叠加
FontUnderline	加下画线
ForeColor	前景颜色
Height	设置或返回对象的高度
HelpContextID	对象与 Help 文件连接的 ID 号
HelpFile	在应用程序中调用 Help 文件
Hidden	指定文件列表框内文件是否是隐含文件
Icon	窗体最小化后显示的图标
Image	窗体或图片框的图形句柄
Index	设置或返回控件数组中控件的下标
Interval	设置或返回计时器时间间隔的毫秒数
ItemData	用于列表框或组合框，与 List 属性相同
KeyPreview	窗体先收到键盘事件还是控件先收到键盘事件
LargeChange	滚动框在滚动条内变化的最大值
Left	控件与窗体左边界的距离
ListCount	列表框计数

List	字符串数组
ListIndex	指定控件当前选项的序号
Max,Min	指定滚动条的最大或最小值
MaxButton	最大化按钮
MaxLength	指定文本框中的文本所接收的最大字符数
MDIChild	指定一个窗体为 MDI 子窗体
MinButton	最小化按钮
MousePointer	鼠标形状
MultiLine	设置多行文本框
MultiSelect	指定文本框或列表框为多项选择
Name	对象名称
NewIndex	列表框或组合框最近一次加入的项目的下标
Normal	指定文件列表框内文件的属性
Page	指定打印机当前页号
Parent	返回控件所在的窗体
PasswordChar	口令字符
Path	设置或返回当前路径
Pattern	在程序运行时文件列表框中显示的文件类型
Picture	图片属性
ReadOnly	文件属性为只读
ScaleHeight	用户定义的坐标系的高度
ScaleLeft	用户定义的坐标系起点的横坐标
ScaleMode	用户定义的坐标系的单位
ScaleTop	用户定义的坐标系起点的纵坐标
ScaleWidth	用户定义的坐标系的横坐标轴
ScrollBars	决定一个文本框是否有水平或垂直滚动条
Selected	返回文件列表框或列表框内项目的选择状态
SelLength	所选文本的长度
SelStart	所选文本的起点
SelText	所选文本的字符串
Shape	形状控件的显示类型

Shortcut	设置菜单项热键
SmallChange	滚动条最小变化值
Sorted	列表框或组合框中的项目是否按字母顺序排列
Stretch	图形装入图片框的方式
Style	指定组合框的类型
System	设置或返回列表框内的文件是否是系统文件
TabIndex	设置或返回控件的选取顺序
TabStop	用 Tab 键移动光标时是否在某个控件停留
Tag	控件的别名
Text	文本
Title	标题属性
Top	控件中窗体上边界的距离
TopIndex	设置列表框或文件列表框显示的第一个项目
TwipsPerPixelX	屏幕或打印机水平方向的点数
TwipsPerPixelY	屏幕或打印机垂直方向的点数
Value	滚动条移动后的值
Visible	控件是否可见
Width	对象宽度
WindowList	指定菜单项是否含有 MDI 窗体的窗口列表
WindowState	窗口状态
WordWrap	标签显示文本的方式
X1	设置或返回线型控件起点的横坐标
X2	设置或返回线型控件终点的横坐标
Y1	设置或返回线型控件起点的纵坐标
Y2	设置或返回线型控件终点的纵坐标

2. VB 中的事件名及其含义

事件名	含义
Activate	控件激活
Change	改变

Click	单击
DblClick	双击
Deactivate	窗体非激活，在激活另一个窗体时发生
DragDrop	拖放
DropOver	拖动
DropDown	拖动后放下
KeyDown	按下键盘
KeyPress	键盘按键
KeyUp	松开键盘
Load	装入
LostFocus	失去指针
MouseDown	鼠标按下
MouseMove	鼠标移动
MouseUp	鼠标松开
Paint	控件重画
PathChange	路径改变
PatternChange	属性改变
QueryUnload	窗体队列关闭
Resize	改变尺寸
Scroll	滚动条滚动
Timer	计时器
Unload	卸载对象
Updated	更新

附录 3　VB 中对象的属性

下表列出了 Visual Basic 中常用对象的常用属性，其中：

* 表示在属性窗口中具有的属性，可直接在设计阶段设置；

\# 表示在属性窗口中没有的属性，只能通过程序代码设置、修改或读取。

属性＼对象	窗体	标签	文本框	命令按钮	检查框	单选按钮	框架	滚动条	列表框	组合框	驱动器列表框	目录列表框	文件列表框	直线	形状	计时器	图片框	图像框	通用对话框	菜单	打印机	屏幕
Action																			#			
ActiveControl	#																					*
ActiveForm																						*
Align																	*					
Alignment		*	*		*	*																
Archive													*									
Hidden													*									
Normal													*									
System													*									
AutoRedraw	*																*					
AutoSize		*															*					
BackColor	*	*	*	*	*	*	*	*	*	*	*	*	*		*	*	*					
BackStyle		*													*							
BorderColor														*	*							
BorderStyle		*													*							
BorderWidth		*												*	*							
Cancel				*																		
CancelError																			*			
Caption	*	*		*	*	*	*													*		
Checked																				*		
ClipControls	*						*										*					
Color																			*			
Columns									*													
ControlBox	*																					
Copies																			*			
CurrentX	#																#				*	
CurrentY	#																#				*	

续表

对象 属性	窗体	标签	文本框	命令按钮	检查框	单选按钮	框架	滚动条	列表框	组合框	驱动器列表框	目录列表框	文件列表框	直线	形状	计时器	图片框	图像框	通用对话框	菜单	打印机	屏幕
DataChanged		*	*		*												*	*				
DataField		*	*		*												*	*				
DataSource		*	*		*												*	*				
Default				*																		
DefaultExt																			*			
DialogTitle																			*			
DragIcon		*	*	*	*	*	*	*	*	*	*	*	*				*	*				
DragMode		*	*	*	*	*	*	*	*	*	*	*	*				*	*			*	
DrawMode	*													*	*		*				*	
DrawStyle	*																*				*	
Drive											#											
EnaBled	*	*	*	*	*	*	*	*	*	*	*	*	*			*	*	*		*		
FileName													#						*			
FileTitle																			#			
FillColor	*														*		*				*	
FillStyle	*														*		*				*	
Filter																			*			
FilterIndex																			*			
Flags																			*			
FontBold	*	*	*	*	*	*	*	*	*	*	*	*	*				*		*		*	
FontItalic	*	*	*	*	*	*	*	*	*	*	*	*	*				*		*		*	
FontName	*	*	*	*	*	*	*	*	*	*	*	*	*				*		*		*	
FontSize	*	*	*	*	*	*	*	*	*	*	*	*	*				*		*		*	
FontStrikethru	*	*	*	*	*	*	*	*	*	*	*	*	*				*		*		*	
FontTransparent	*	*	*	*	*	*	*	*	*	*	*	*	*				*		*		*	
FontUnderline	*	*	*	*	*	*	*	*	*	*	*	*	*				*		*		*	
FontCount																					*	*
ForeColor	*	*	*	*	*	*	*	*	*	*	*	*	*				*		*		*	
FromPage																			*			
ToPage																			*			
HDC	#																#		#			
Height,Width	*		*	*	*	*	*	*	*	*	*	*	*	*	*		*	*			*	*
HelpCommand		*																	*			
HelpContext																			*			

续表

属性 \ 对象	窗体	标签	文本框	命令按钮	检查框	单选按钮	框架	滚动条	列表框	组合框	驱动器列表框	目录列表框	文件列表框	直线	形状	计时器	图片框	图像框	通用对话框	菜单	打印机	屏幕
HelpContextID	*		*	*	*	*	*	*	*	*	*	*	*				*			*		
HelpFile																			*			
HelpKey																			*			
HideSelection			*																			
hWnd	#		#	#	#	#	#	#	#	#	#	#	#				#					
Icon	*																					
Image	#																#					
Index		*	*	*	*	*	*	*	*	*	*	*	*	*	*	*	*	*	*	*		
InitDir																			*			
Interval																*						
ItemData									#	#												
KeyProview	*																					
LargeChange								*														
SmallChange								*														
Left,Top	*	*	*	*	*	*	*	*	*	*	*	*	*		*	*	*	*	*			
LinkItem		*	*														*					
LinkMode	*	*	*														*					
LinkTimeout		*	*														*					
LinkTopic	*	*	*														*					
List									#	#	#	#	#									
ListCount									#	#	#	#	#									
ListIndex									#	#	#	#	#									
Max,Min																			*			
MaxButton	*																					
MinButton	*																					
MaxFileSize																			*			
MaxLength			*																			
MDIChild	*																					
MousePointer	*	*	*	*	*	*	*	*	*	*	*	*	*				*	*				*
MultiLine			*																			
MultiSelect									*				*									
Name	*	*	*	*	*	*	*	*	*	*	*	*	*	*	*	*	*	*	*			
NewIndex									#	#												
Page																					*	

续表

属性 \ 对象	窗体	标签	文本框	命令按钮	检查框	单选按钮	框架	滚动条	列表框	组合框	驱动器列表框	目录列表框	文件列表框	直线	形状	计时器	图片框	图像框	通用对话框	菜单	打印机	屏幕
Parent		#	#	#	#	#	#	#	#	#	#	#	#	#	#	#	#	#		#		
PasswordChar			*																			
Path												#	#									
Pattern													*									
Picture	*																*	*				
PrinterDefault																			*			
ReadOnly													*									
ScaleHeight	*																*				*	
ScalWidth	*																*				*	
ScaleLeft	*																*				*	
ScaleTop	*																*				*	
ScaleMode	*																*				*	
ScrollBars			*																			
Selected									#				*									
SelLength			#							#												
SelStart			#							#												
SelText			#							#												
Shape															*							
Shortcut																				*		
Stretch																		*				
Style										*												
TabIndex		*	*	*	*	*	*	*	*	*	*	*	*				*					
TabStop			*	*	*	*		*	*	*	*	*	*				*					
Tag	*	*	*	*	*	*	*	*	*	*	*	*	*	*	*	*	*	*	*	*		
Text			*						#	*												
TopIndex									#				#									
TwipsPerPixelX																					*	*
TwipsPerPixelY																					*	*
Value				#	*	*		*														
Visible	*	*	*	*	*	*	*	*	*	*	*	*	*	*	*	*	*	*	*	*		
WindowList																				*		
WindowsState	*																					
WordWrap					*																	
X1,Y1														*								
X2,Y2														*								

附录 4　VB 中对象的事件

下表列出了 Visual Basic 中部分对象所能响应的常用事件。

事件＼对象	窗体	标签	文本框	命令按钮	检查框	单选按钮	框架	滚动条	列表框	组合框	驱动器列表框	目录列表框	文件列表框	计时器	图片框	图像框	菜单
Active	*																
Deactivate	*																
Change		*	*					*		*	*	*			*		
Click	*	*	*	*	*	*	*		*	*		*	*		*		*
DblClick	*	*	*			*	*		*	*			*		*	*	
DragDrop	*	*	*	*	*	*	*	*	*				*		*	*	
DragOver	*	*	*	*	*	*	*	*	*	*	*	*	*		*	*	
DropDown										*							
GotFocus	*		*	*	*	*		*	*	*	*	*	*		*		
KeyPress	*		*	*	*	*		*	*	*	*	*	*		*		
KeyDown	*		*	*	*	*		*	*	*	*	*	*		*		
KeyUp	*		*	*	*	*		*	*	*	*	*	*		*		
LinkClose	*	*	*												*		
LinkError	*	*	*												*		
LinkExcute	*																
LinkNotify		*	*														
LinkOpen	*	*	*												*		
Load	*																
LostFocus	*		*	*	*	*		*	*	*	*	*	*		*		
MouseDown	*	*	*	*	*	*	*		*			*	*		*	*	
MouseUp	*	*	*	*	*	*	*		*			*	*		*	*	
MouseMove	*	*	*	*	*	*	*		*			*	*		*	*	
Paint	*														*		
PathChange													*				
PtternChange													*				
QueryUnload	*																
Resize	*														*		
Scroll								*									
Timer														*			
Unload	*														*		

附录 5 VB 中对象的方法

对象 方法	窗体	标签	文本框	命令按钮	检查框	单选按钮	框架	滚动条	列表框	组合框	驱动器列表框	目录列表框	文件列表框	直线	形状	图片框	图像框	打印机
AddItem									*	*								
Circle	*															*		
Clear									*	*								*
Cls	*															*		
Drag		*	*	*	*	*	*	*	*	*	*	*	*			*	*	
EndDoc																		*
Hide	*																	
Line	*															*		*
LinkExecute		*	*													*		*
LinkPoke		*	*													*		
LinkRequest		*	*													*		
LinkSend																*		
Move	*	*	*	*	*	*	*	*	*	*	*	*	*	*	*	*	*	*
NewPage																	*	
Point	*															*		
Print	*															*		*
PrintForm	*																	
Pset	*															*		*
Refresh	*	*	*	*	*	*	*	*	*	*	*	*	*	*	*	*	*	
RemoveItem									*	*								
Scale	*															*		
SetFocus	*	*	*	*	*	*		*	*	*	*	*	*			*		
Show	*																	
TextHeight	*															*		*
TextWidth	*															*		*

参考答案

实战练习参考答案

1．选择题

1. C	2. D	3. C	4. B	5. B
6. A	7. B	8. C	9. B	10. B
11. C	12. A	13. C	14. C	15. C
16. B	17. D	18. C	19. D	20. D
21. D	22. A	23. B	24. A	25. B
26. A	27. D	28. A	29. A	30. D
31. B	32. D	33. C	34. A	35. B
36. B	37. C	38. A	39. B	40. C
41. A	42. A	43. C	44. C	45. C
46. A	47. C	48. C	49. B	50. A
51. D	52. B	53. C	54. C	55. D
56. C	57. D	58. D	59. C	60. B
61. A	62. A	63. C	64. A	65. B
66. B	67. A	68. B	69. A	70. A
71. D	72. D	73. A	74. D	75. D
76. B	77. D	78. A	79. C	80. A
81. C	82. A	83. A	84. C	85. B
86. B	87. B	88. B	89. D	90. A
91. C	92. A	93. C	94. C	95. D
96. D	97. B	98. A	99. C	100. A
101. C	102. B	103. A	104. C	105. B
106. B	107. D	108. C	109. D	110. A
111. D	112. D	113. A	114. A	115. D
116. C	117. D	118. A	119. D	120. A
121. D	122. A	123. B	124. D	125. A
126. A	127. C	128. C	129. A	130. C

131. A	132. B	133. B	134. B	135. D
136. B	137. A	138. A	139. B	140. A
141. D	142. D	143. D	144. D	145. D
146. B	147. B	148. B	149. A	150. B
151. A	152. C	153. D	154. C	155. A
156. B	157. C	158. B	159. D	160. D
161. B	162. C	163. C	164. B	165. B
166. B	167. C	168. C	169. B	170. A
171. D	172. D	173. A	174. C	175. C
176. B	177. A	178. C	179. D	180. A
181. D	182. D	183. C	184. B	185. D
186. D	187. C	188. D	189. B	190. B
191. B	192. C	193. D	194. B	195. B
196. C	197. A	198. D	199. B	200. A
201. A	202. B			

2. 判断题

1. 正确	2. 正确	3. 正确	4. 错误	5. 正确
6. 错误	7. 错误	8. 正确	9. 正确	10. 错误
11. 错误	12. 错误	13. 正确	14. 正确	15. 错误
16. 正确	17. 错误	18. 正确	19. 错误	20. 正确
21. 正确	22. 错误	23. 错误	24. 错误	25. 正确
26. 错误	27. 正确	28. 错误	29. 正确	30. 错误
31. 错误	32. 错误	33. 错误	34. 正确	35. 正确
36. 错误	37. 正确	38. 正确	39. 错误	40. 正确
41. 正确	42. 正确	43. 正确	44. 正确	45. 正确
46. 正确	47. 错误	48. 错误	49. 正确	50. 正确
51. 错误	52. 正确	53. 正确	54. 错误	55. 错误
56. 错误	57. 正确	58. 错误	59. 错误	60. 错误

3. 填空题

1. 事件
2. 属性，方法，事件
3. 类，对象
4. 属性值
5. 类或控件类
6. 属性
7. 运行
8. Click
9. 用户定义对象
10. 事件驱动编程机制
11. F10 或 Alt 键
12. 双精度
13. 0，False
14. 字符
15. 定长字符串，变长字符串
16. 双精度型
17. True，False
18. #，"
19. 直接常量，符号常量
20. 0.01 * Int(100 * (x + 0.005))
21. （1）（4）（6）（8），（2）（3）（5）（7）（9）（10），（2），（5），（7）。
22. 13
23. 17
24. #11/12/99#
25. "ZYX123ABC"
26. 2
27. True
28. False
29. -4
30. 0
31. CDEF
32. visual basic
33. 变体类型
34. 6
35. 1234.56
36. -3
37. 2
38. 输出
39. 窗体
40. 原样输出
41. ,（逗号），;（分号）
42. Spc
43. Cls
44. Let
45. 计算
46. Text1.Text="Hello!"
47. Text1.SetFocus
48. 1
49. 27　-9
50. 2　1
51. Label，TextBox
52. CurrentX，CurrentY
53. UnLoad
54. 字符型
55. YYY
56. PassWordChar
57. MaxLength
58. MultiLine，ScrollBar
59. Hide 方法
60. -3　3

61. 关系表达式，布尔表达式，True，False

62. 1

63. 无法选取，未被选定，被选定，禁止选取

64. 0

65. -1

66. 1000

67. 1

68. Loop

69. 15

70. 7

71. 3

72. 8

73. 11

74. ListCount

75. 9

76. Value

77. 垂直滚动条

78. True

79. AddItem

80. 组合框

81. PassWordChar

82. 图片框

83. RemoveItem，Clear

84. Style

85. 4，政工部

86. 3

87. 多维数组，矩阵

88. 动态，静态

89. 0，1

90. 0

91. 大小，维数，ReDim

92. Preserve

93. 0，空串

94. Name，Index

95. 变体

96. 0

97. 0

98. Text1.Text+ Label1(Index).Caption

99. 通用过程，子过程，函数过程

100. Load

101. 形式参数，形参，实际参数，实参

102. 按地址，按值，按地址

103. 按值，按地址

104. ByVal

105. 图形框

4. 程序分析题

1. ABCD，Visual Basic Programming

2. x=3　y=3；x=4　y=3

3. a=5　b=4

4. 1　2；3　5

5. I=4

6. 2

7. 3

8. 8

9. 130

10. 1

11. -1

12. Hello

13. 你应该缴纳 560 元税金

14. good

15. 2

16. −5　−2

17. 4　5

18. 1　5

19. 11

20. 33

21. s=18

22. *#*#*#

23. DCBA

24. 4　24

25. 4

26. 15

27. 25

28. 2　3

29. 4

30. 7

31. 输出 *n* 以内的素数

32. 4　5　9

33. I=10　x=7

34. 1*1=1　2*3=6

35. a=14　y=26

36. 3　42

37. 40

38. 2

39. 1000～1100

40. 13

41. 12

42. 21

43. 15

44. 6789

45. 2468

46. 12

47. 33

48. 1234

49. 4　5

50. 150

51. 0.5

52. 30

53. 21

54. 72　36

55. 9

56. 30

57. 20　40

58. 36，18

5．程序改错题

1.

第 4 行和第 6 行代码错误，分别应为：

```
r = Val(InputBox("输入半径：", "计算圆面积", "10"))
Print "圆面积："; S
```

第 4 行 InputBox()函数前应使用 Val（字符串）函数，Val（字符串）函数的功能是把自变量中的第一个字符串转换为数值。

第 6 行输入的值应为圆面积 s 的值，而不是半径 r 的值。

2.

（1）第 5 行代码 If a≠0 Then 中的条件 a≠0 应改为 VB 条件运算符 a < > 0。

（2）最后一行代码下面缺少了一行代码 End If。

3.

（1）倒数第 4 行代码 Else 应为 Case Else。

（2）倒数第 2 行代码 End Case 应为 End Select。

4.

（1）倒数第 4 行 n = 1 改为 n = n + 1。

（2）倒数第 1 行 End Do 改为 Loop。

5.

（1）第 6 行 s > 400000 改为 s <= 400000。

（2）倒数第 4 行 s = t 改为 s = s * t。

6.

（1）倒数第 3 行 h = h + 1 改为 h = 2 * h。

（2）倒数第 2 行改 Loop。

7.

（1）倒数第 6 行 a(n1, n2) = a + 1 改为 a(n1, n2) = a(n1, n2) + 1。

（2）倒数第 1 行 Print Tab(10); "一正一反的次数为:"; a(0, 1)改为 Print Tab(10); "一正一反的次数为:"; a(0, 1) + a(1, 0)。

8.

（1）第 4 行 Select Case i 改为 Select Case Index。

（2）倒数第 2 行 Label4.Caption = x – y 改为 Label4.Caption = x & y。

9.

（1）函数过程中第 1 行 If x/2 = 0 Then 改为 If x Mod 2 = 0 Then。

（2）在 Command1_Click( )事件中，倒数第 1 行 Text1.SelLength = Text1.Text 改为 Text1.SelLength = Len(Text1.Text)。

10.

（1）在函数过程中，最后 1 行 fact 改为 fact = p。

（2）在 Command1_Click( )事件中，第 3 行 sum = sum + fact 改为 sum = sum + fact(i)。

11.

（1）Command1_Click( )事件中，第 6 行 For n = 1 To 4 改为 For n = 1 To 5。

（2）Command1_Click( )事件中，倒数第 3 行 Print stri(n–1, f);改为 Print stri(2*n–1, f)。

6. 程序填空题

1. （1）Sqr((xb – xa) ^ 2 + (yb – ya) ^ 2)　　（2）s
2. （1）Dim x As Single　　（2）Text7.Text = x
3. （1）Const pi = 3.1415926　　（2）a1 = (a – d) * 60
4. （1）And　　（2）Or
5. （1）Exit Sub　　（2）End If
6. （1）SelStart　　（2）Len(Text1.Text)
7. （1）Timer1.Tag　　（2）Exit Sub
8. （1）x>=0　　（2）y/z
9. （1）j + I　　（2）s + j
10. （1）5 * x + 3 * y + z / 3 = 100　　（2）List1.AddItem p
11. （1）1 To j　　（2）j * k
12. （1）j To 9　　（2）j * k
13. （1）1 To 5　　（2）1 To 2 * n – 1
14. （1）0　　（2）a * 1000 + b * 100 + c * 10 + d
15. （1）Val(x)　　（2）p & "a(" & n & "," & m & ")=" & a(n, m) & " "
16. （1）a　　（2）UBound(b)　　（3）n=n-1
17. （1）Int(Rnd * (m + 1 – n)) + n　　（2）Randomnum(x, y)
18. （1）en(Text1.Text)　　（2）de(en(Text1.Text))
19. （1）x Mod 17 = 0 And x Mod 37　　（2）n
20. （1）Loop　　（2）Delay (3)
21. （1）Timer1.Tag　　（2）Exit Sub
22. （1）m　　（2）(n), (m)
23. （1）MouseDown　　（2）PopupMenu
24. （1）Print #1, i
25. （1）rate(wins, n)　　（2）Unload Me
26. （1）Shape3.Width/2　　（2）c
27. （1）Exit Sub　　（2）m
28. （1）Len(Text1.Text)　　（2）Picture1.Picture
29. （1）Input As #1　　（2）UCase(Text1.Text)
30. （1）Open　　（2）Close #1, #2
31. （1）Input #1　　（2）Print #1
32. （1）Append　　（2）Close #1

模拟试卷参考答案

模拟试卷一

一、选择题

1. B	2. D	3. C	4. C	5. D
6. C	7. A	8. B	9. C	10. A

二、判断题

11. 正确

三、填空题

12. Text

13. sqr(x+3)+2)/(x^3+1)

四、程序分析题

14. 200

15. 9

16. 湖北省

五、程序改错题

17.

（1）Command1_Click()事件中，第 6 行 num = Int(Rnd * 30)应改为 num = Int(Rnd * 30+1)

（2）Command1_Click()事件中，第 9 行 b(i) = num 应改为 a(i) = num

18.

（1）Command1_Click()事件中，第 12 行 col = InputBox("col=")应改为 col = Val(InputBox("col="))

（2）Command1_Click()事件中，第 14 行 For j = 2 To 4 应改为 For j = i To 3

六、程序填空题

19.

（1） j = j - 1

（2） k-1

20.

（1）List(0)

（2）Combo1.ListIndex

模拟试卷二

一、选择题

1. A	2. A	3. B	4. B	5. C
6. B	7. C	8. B	9. C	10. D

二、判断题

11. 正确

三、填空题

12. 12

13. 3

四、程序分析题

14. 10

15. 10

16. 64

五、程序改错题

17.

（1）第 7 行 b(i) = 0 应改为 total = 0

（2）第 9 行 If Mid(s(i), j, 1) >= "0" And Mid(s(i), j, 1) <= "9" Then total = total + b(i)中的 total = total + b(i)应改为 total = total + 1

18.

（1）第 4 行 Select Case 1 应改为 Select Case True

（2）倒数第 1 行 List1.Text = s 应改为 List1.AddItem s

六、程序填空题

19.

（1）flag = 1

（2）a(j) = num

20.

（1）Combo1.Text

（2）Timer1.Interval

模拟试卷三

一、选择题

1. C	2. D	3. B	4. C	5. B
6. B	7. D	8. D	9. A	10. C

二、判断题

11. 错误

三、填空题

12. 4

13. Flase

四、程序分析题

14. 9

15. 9

16. 01234

五、程序改错题

17.

（1）倒数第 4 行 If pos = a(j) Then flag = 1 应改为 If pos = b(i) Then flag = 1

（2）倒数第 1 行 Print a(pos)应改为 Print a(j)

18.

（1）Command1_Click()事件中，第 3 行：HS1.Value = 1 应改为 HS1.Value = 10

（2）Timer1_Timer()事件中，第 1 行 Text1.Text = Right(Text1.Text,9)应改为 Text1.Text = Right(Text1.Text, HS1.Value)

六、程序填空题

19.

（1）w2 * 10

（2）a(i) = w2

20.

（1）List1.ListCount-1

（2）j-1

模拟试卷四

一、选择题

1. B	2. C	3. D	4. D	5. D
6. D	7. A	8. C	9. B	10. D

二、判断题

11. 正确

三、填空题

12. 123（填写结果时不加双引号）

13. True

四、程序分析题

14. 6

15. 20

16. 23456

五、程序改错题

17.

（1）原 For m = k To j 行应改为 For m = k To j Step−1

（2）原 a(m + 1) = a(m)应改为 a(m) = a(m−1)

18.

（1）原 If Check1.Value = True Then 行应改为 If Check1.Value = 1 Then

（2）原 If HS1.Value = 5 Then Timer1.Visible = False 行应改为 If HS1.Value = 5 Then Timer1.Enabled = False

六、程序填空题

19.

（1）W1=W2

（2）Not (w2 >= "0" And w2 <= "9")

20.

（1）SelText

（2）Label5.Caption

模拟试卷五

一、选择题

1. B	2. D	3. C	4. C	5. D
6. C	7. C	8. D	9. B	10. C

二、判断题

11. 错误

三、填空题

12. Caption

13. 3*x*(Sqr(x+1)+x)

四、程序分析题

14. 10

15. 402

16. OpChC

五、程序改错题

17.

（1）第 12 行原 w = Right(c, 1)应改为 w = Left(c, 1)

（2）第 19 行原 c=c−w 应改为 k = Len(c)

18.

（1）HS1_Change()事件中，第 1 行 If W <HS1.Value Then 应改为 If W > HS1.Value Then

（2）Timer1_Timer()事件中，在 End If 后面添加代码行 HS1.Value = Text1.FontSize

六、程序填空题

19.

（1）a(i)

（2）2

20.

（1）And

（2）j * i

模拟试卷六

一、选择题

1. D	2. A	3. C	4. D	5. B
6. D	7. B	8. A	9. C	10. A

二、判断题

11. 错误

三、填空题

12. Input

13. Sqr(s*(s-a)*(s-b)*(s-c))

四、程序分析题

14. 55

15. 16

16. aaaaa

五、程序改错题

17.

（1）第 8 行 yu = k/2 应改为 yu = k Mod 2

（2）倒数第 3 行 For yu = i To 1 Step−1 应改为 For yu = i−1 To 1 Step−1

18.

（1）Command1_Click()事件中，第 1 行 Timer1.Interval = 1000 应改为 Timer1.Interval = 2000

（2）Timer1_Timer()事件中，第 1 行 Dim a As Integer 应改为 Static a As Integer

六、程序填空题

19.

（1）Exit for

（2）i

20.

（1）i <= w

（2）c & c1